1 悪魔の橋
「悪魔の橋」
P18

2 サン・ベネゼ橋
「行きどまりの断橋」
P46

3 サンクン橋
「水面下の橋」
P80

4 ラテン橋
「暗殺者の橋」
P84

5 ゴールデン・ゲート・ブリッジ
「金門橋」
P92

6 マクデブルク水路橋
「エッシャーの世界のような」
P100

7 ロン橋
「火を噴く橋」
P124

8 ヴァレンヌ橋
「アントワネットは渡れない」
P134

9 ロンドン橋
「ロンドン橋、落ちた」
P138

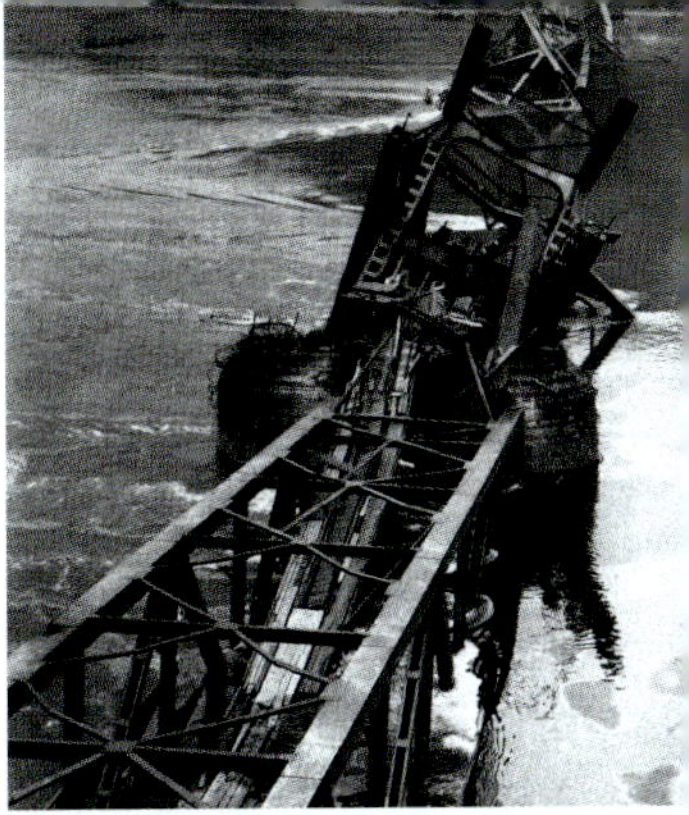

10 レマゲン鉄橋
「レマゲン鉄橋」
P146

11 盧溝橋
「マルコ・ポーロ橋」
P150

12 スカリジェロ橋
「橋の要塞化」
P174

13 テイ鉄道橋
「テイ鉄道橋」
P178

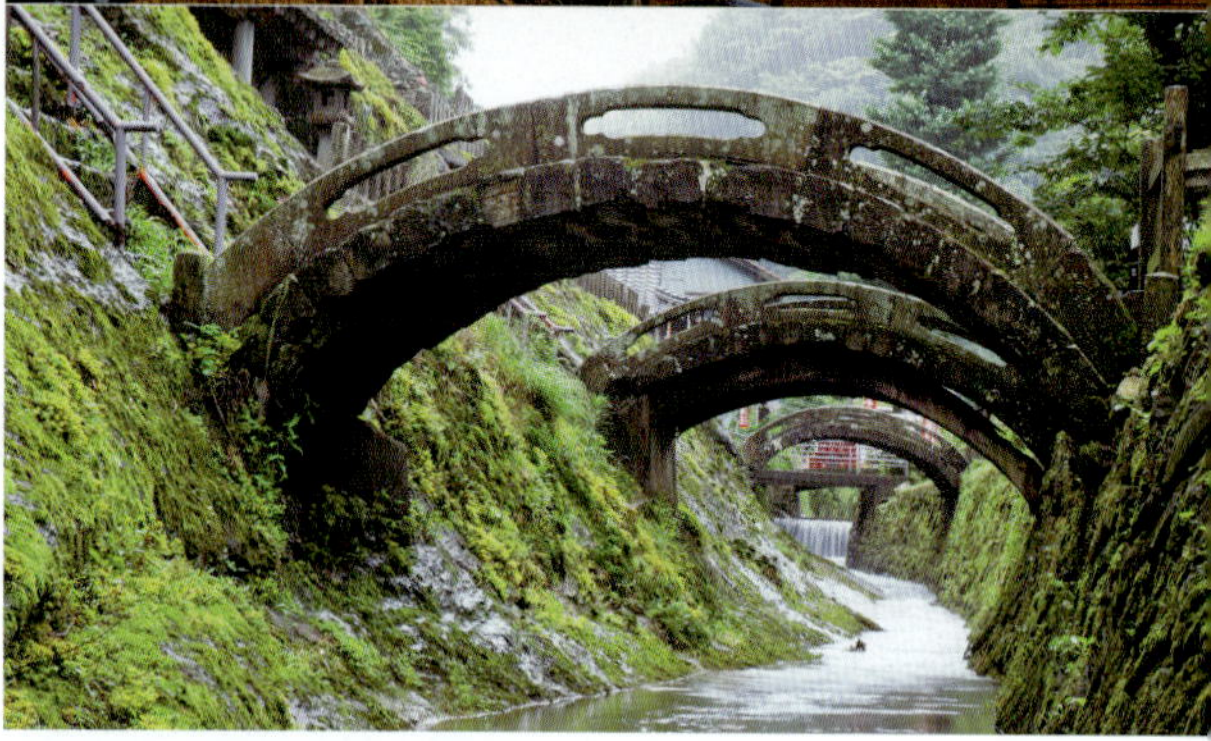

14 石見銀山の反り橋
「石見銀山の反り橋」
P186

15 シュノンソー城ディアーヌ橋
「愛妾の城と橋」
P192

16 歌川広重
右上《大はしあたけの夕立》
フィンセント・ファン・ゴッホによる模写
左上《雨の大橋》
「ゴッホの橋」
P196

17 ためいき橋
「運河の町ヴェネツィア」
P204

18 鳴門ドイツ橋
「鳴門ドイツ橋」P236

19 ヤン・ファン・エイク
《宰相ロランの聖母》
「橋を架ける」P240

河出文庫

怖い橋の物語

中野京子

河出書房新社

タケへ

怖い橋の物語　目次

驚

史

情

口絵クレジット
アフロ……1、2、4、5、7、11、12、13、14、15、17、18
Shutterstock／アフロ……3
AP／アフロ……6、10
akg images／アフロ……8
Bridgeman Images／アフロ……9、19

怖い橋の物語

序章

虹を駆けのぼる

橋はすでに有史以前、人類が道具を使いはじめるころには誕生していたらしい。偶然による倒木や落石がきっかけで川に自然の渡しができ、今度は自分たちの手で木を切り倒して丸木橋にしたのが起源、と推測されている。

こちらからあちらへ。既知《きち》の場から未知の場へ。橋を渡るのは、その高さをも含めて、さぞかしエキサイティングな体験だったろう。

どの民族においても、橋に対するイメージはだいたい共通している。橋は二つの異なる世界、日常と非日常、此岸《しがん》と彼岸《ひがん》を結ぶものであり、人生の困難の象徴であるとともに乗りこえねばならぬ試練、また転換点であり、戦争における最重要地点、出会いと別れの場、ドラマの生まれる舞台である。

夢に橋が印象的に出てくれば、多くの場合、それはその人が人生において何らかの過渡期《かとき》を迎えている証拠だ。無意識裡《り》に感じた変化の兆《きざ》しが、夢の中で橋というシンボリックな形を取って現れたと考えられる。

古代ローマの高位神官は pontifex（ポンティフェクス）、つまり「橋（＝pons）を架ける（＝facio）者」と呼ばれた。なぜか？　ひとつには、彼らに架橋《かきょう》技術の知識があり、実際に民衆救済をおこなったから。もうひとつは、神の言葉を民に教えることで、聖と俗の懸《か》け橋となりえたから。

橋はしかし、決して一方通行ではない。こちらからあちらへ行けるなら、あちらのものがこちらへ来ることも容易《ようい》だ。橋が存在する限り、異界の侵入を覚悟せねばならない。神々や魔の通り道たる橋が、怪異の起こる場となるのは必然であろう。時に橋それ自体がすでにして異界となる。

――本書では、さまざまな橋について語ってゆきたい。この世とあの世を繋《つな》ぐ橋、歴史的に大きな意味を持った橋、実在の橋、空想の橋、絵画に描かれた橋、小説に出てくる橋、オペラに歌われた橋、スクリーンに登場した橋、可愛い橋、折れた橋、血なまぐさい橋、楽しい、または怖いエピソード満載の橋……そんな橋たちをめぐる物語。

まずは、天空高くアーチをえがく、この世でもっとも大きくて、もっとも美しく貴《たっと》い七色の橋を取り上げよう。虹だ。

『古事記』の国産み神話によれば、伊邪那岐《イザナギ》と伊邪那美《イザナミ》の二柱の神が、矛《ほこ》で混沌をかきまぜて島を造った。その時ふたりが立っていたのが天浮橋《あまのうきはし》で、これこそが虹だという。

天と地を結ぶ虹は、橋とよく似た象徴的意味を持つため、両者を同一視する神話が世界各地に見られる。

北欧神話では、戦死した英雄は虹の橋を渡り、天宮アスガルドへ入る。

ギリシャ神話でも、虹の女神イリスが、虹を伝って天から地上へ（地下深くまでも）降《お》り来たり、神々の伝令役を果たした。謂《い》わば男神ヘルメス（＝マーキュリー）の女性版だが、彼と違うのは仕事の迅速《じんそく》ぶり。さっと来て、単刀直入に伝えるべきことのみ伝え、あっという間にいなくなる。まさに、現れたと思うまもなく消え失せる虹の性質そのもの。

トロイア戦争末期、イリスはヘレネのもとへ赴《おもむ》き、「あなたは戦勝者の妻になる」と運命を告げた。この時ヘレネは恋人パリスと駆け落ちしてすでに十年もたっていたが、イリスの言葉を聞くやいなや、棄《す》てた夫と故郷ギリシャをふいに懐かしく想い出す。不倫の清算と戦の行方が予想されよう。

トロイア滅亡後の悲恋にも、イリスは関わっており、それは——

カルタゴの女王ディドが、トロイアの王子アイネイアスをかくまううち、互いに深く愛しあうようになった。だがしばしの蜜月《みつげつ》が過ぎると、アイネイアスはローマ建国の祖となる運命を担《にな》って、カルタゴを去る。悲嘆にくれてディドは自死。山と積まれた薪《まき》の上で炎に包まれた。

ディドの肉体から魂を解放するため、イリスが虹を降りてきた。たちまちディドの髪の毛を一房《ひとふさ》切り取り、再び天へ昇ってゆく。

古代人の発想は面白い。雨あがりの空にかかる雄大な虹の上を、天界きっての女性スピードランナー、イリスが、駆けおり、また駆けのぼる姿が、彼らにはほんとうに見えていたのかもしれない。

奇

悪魔の橋

＊口絵 1
＊地図 ①

芥川龍之介の名短編『煙草《たばこ》と悪魔』は、フランシスコ・ザビエルといっしょにはるばる来日（？）した悪魔が主人公。

――せっかく僧に化けてやって来たのに、日本にはまだキリスト教徒が少なく、誘惑して堕落させて地獄へ引きずり込む相手が見つからない。暇なので畑を耕していた。するとと牛商人が通りかかり、初めて見るその植物に興味を抱き、名を訊《たず》ねた。ここぞとばかり悪魔は正体をあらわし、三日以内に名を当てなければ、おまえの身体《からだ》と魂をもらうぞと脅《おど》す。商人は一計を案じ、夜中に牛を畑へ追いやって踏み荒らさせた。悪魔は怒り、「何だって、己の煙草畑を荒らすのだ」。

とんと間抜けな悪魔である。

だが異郷ばかりでなく故郷においても、悪魔が人間にしてやられる例は少なくない。

ヨーロッパには「悪魔の橋」ないし「魔橋《まきょう》」と呼ばれる橋が、なんと数十もある。悪魔自身が、あるいは悪魔と契約した者が建造したことになっている。危険な場所に架かり、且《か》つその存在が地域にとって経済的軍事的にきわめて重要なことが魔橋の条件だ。

この魔橋伝説は古代ローマ橋のあるところ、ほとんど全てに見られる。そこから推測されるのは、古代ローマの架橋技術の途方もない優秀さ、ひいては後代の衰退ぶり。ローマ帝国が滅びるとともに、あれだけ優れた土木建築技術までも失われてしまったのだ。なぜなら宗教に重苦しく覆《おお》われた中世社会では、かつて「大技術者」として尊敬されていた建築家は職人の座へ追い落とされ、人材も枯渇《こかつ》した。つまりテクノロジーが教会に阻《はば》まれたせいで、人々は絶景の地に架かる古橋を見ると、「悪魔でなければ建てられたはずがない」と、驚き入ったというのだ。

異説もある。中世においては僧が知識を独占し、橋を造ることがよくあった（「架橋同胞教団」の存在が知られている）。橋にまつわる伝説に悪魔や聖人が絡《から》むのは必然であろう。そもそも当時の人々は、天使や悪魔や奇蹟をリアルに信じていた。

スイスの魔橋を見よう。

国土の三分の二が峻烈《しゅんれつ》な山岳地帯のスイスは、今でこそ景観を活《い》かした観光国だが、昔は道一本、橋ひとつ造るのも容易なわざではなかった。

十三世紀初頭、シェーレネン峡谷《きょうこく》に南北貫通路が拓《ひら》かれた。イタリアやドイツとの通商、及び軍用目的である。そしてこの渓谷の北部、ロイス川の激流に抉《えぐ》られた、目も眩《くら》むばかりの花崗《かこう》岩の断崖絶壁《だんがいぜっぺき》に橋が渡される。チューリヒ近郊の僧院の尽力《じんりょく》によると記録されているから、架橋技術を持つ僧たちが建てたのだろう。ところが伝説に登場するのは、僧ではなく、悪魔のほう。

——ウーリ州の人々が、橋を架けようと何度試みてもうまくゆかない。あまりの難所ゆえ人間には無理と諦め、「悪魔が造ればいい」と口に出してしまう。するとファウストの前に現れたメフィストみたいに、忽然《こつぜん》と悪魔が立っていた。「よろしい。造ってやろう。だがこの橋を最初に渡るものの肉体と魂はいただくぞ」。

あれよあれよの出来事で、木橋は完成。さあ、困った。誰も一番乗りなんかしたくない。すると知恵者がいるもので、グッド・アイディアを思いつく。山羊《やぎ》をけしかけて橋を渡らせたのだ。悪魔はそれに飛びついたが、人間ではないと知って激怒する。けれどラッキーなことに、契約では、最初に渡る「人間」とは言わなかった……。

何たる詰めの甘い悪魔であろうか。

まだ終わりではない。腹の虫が治まらない悪魔は、大きな石を投げつけて橋を壊そうとした。すると信心深い女性がその上に十字架を描いたので、悪魔はすごすご退散せざるをえなかった。石は今も橋からそう遠くない場所にあり、「悪魔の石」と呼ばれている。

「悪魔の橋」だの「悪魔の石」だのと名前はおどろおどろしいものの、芥川の小説と同じで（異教徒にとっては）ユーモラスこの上ない。

この橋、悪魔が架けたわりに耐久性よろしからず、洪水や戦争で三度も崩落《ほうらく》し、現在の「悪魔橋」は四代目である。そして絶景の観光名所になっている。

十九世紀後半には魔橋の上に新しい橋が渡され、自動車道として使われている。魔橋に続く旧道が岩肌の外周をへばりつくようにカーブしているのに対し、自動車橋はまっすぐトンネルへ突入する。そのトンネルの入り口に、イモリの腹のように赤いペンキで悪魔と山羊の絵が描かれており、その趣味の悪さのほうがちょっぴり怖い。

犬の飛び込み橋

＊地図 ②

橋は怪異の起こる場でもある。別の世界とつながっているのだから、当然かもしれない。

スコットランドはダンバートンに近い丘陵地。クライド川を見下ろす広大な敷地を、一八六〇年代、ひとりの富豪が購入し、カントリーハウスを建てた。「カントリー（田舎）の家」なら小さな別荘のようなものかと思えば、さにあらず。都会を離れた貴族の大邸宅を意味する言葉だから、このカントリーハウスも日本人の目にはほとんど城と同じだ。設計施工にあたったのは、マデリーン・スミスの父親だった。

ゴシック・ロマンを生んだ幽霊好きイギリス人の間では、建物と設計者の関係もまた、後に起こる不思議な出来事に因縁《いんねん》づけて語られる。マデリーン・スミスとは——斧《おの》で親を惨殺《ざんさつ》したとされるリジー・ボーデンほど有名ではないにせよ——犯罪者列伝などには必ず登場する上流階級出身の女性だ。結婚の邪魔になるからと、恋人を砒素《ひそ》で殺したとして逮捕された。リジー同様、無罪判決が出たとはいえ、今も真犯人と信じられている（有力者の口利《き》きにより判決が左右されたと思われたのだ）。

　さて、時は移り、一八九二年、所有者の息子の代。敷地はさらに拡大され、邸宅と近村を隔てていた小さな滝の流れの上に、件《くだん》のオーヴァートン橋が造られた。特に個性的ともいえない陰気な橋で、濃霧の夕方には、その先の城の眺めとあいまって、まさにゴシック風のおどろおどろしい道具立てと化す。

　二十世紀に入ると、橋を含む土地建物はダンバートン市へ売却された。城は第二次世界大戦中は兵士の療養所として、その後は若者用の施設、時に未婚で妊娠したティーンエイジャーのための施設などに使われた。このころ、オーヴァートン橋から若い母親が乳児を投げ捨てて殺す事件が起こり、これまた橋の怪異と関連づけて噂《うわさ》された。

　というのもすでにオーヴァートン橋は、自殺橋として名を馳《は》せていたからだ。ただし落下して次々死んでゆくのは人間ではなく、犬である。犬が橋の欄干《らんかん》を飛び越え、十三メートル下に叩きつけられて命を落とし続けていたのだ。

　最初それが起こったのは、橋ができてから六十年ほどたつ一九五〇年代だった。その後、半世紀ほどの間に五十頭以上も、つまり毎年少なくとも一頭の割合で、犬たちが死んでいった。にわかには信じ難いが、そのうちの数頭は、一度は落ちても無事だったのに、再び橋へもどると懲《こ》りずに再度ジャンプしたという。

とうとう橋にはプレートが付けられた。曰《いわ》く、「危険な橋です。犬の綱をしっかり握っていてください」。

数年前、イギリスのテレビ局が、この奇妙な事件を取り上げた。実際にここで愛犬を失った女性も登場している。涙ながらに彼女が語るには、いつものように散歩させていると、何の前触れもなく、猛烈な勢いでダッシュしたかと思うと橋から投身した。あっという間の出来事だった……。

興味深いことに、事件には三つの共通項がある。鼻の長い猟犬、晴天の日、常に橋の同じ片側からの飛び降り。

これは何を意味するのか？

テレビでは、当地の動物行動学者が推理を披露《ひろう》している。それによれば——犬は自殺などしない。高さを目測できるので、危険な場所から飛び降りることは決してない。またたま橋の片側には高い藪《やぶ》と小道があり、一見、それほど高所には見えない。また猟犬はとりわけ嗅覚《きゆうかく》に優れている。晴れた日に何か橋下から強烈な臭いが立ちのぼってくるのではないか。調べると、ちょうど一九五〇年代から、あたり一帯にミンクが異常繁殖したのがわかった。これが原因に違いない。

そしてこの学者は、ジャンプしたのと同じ種を含む十頭の猟犬を使い、平地で実験をおこなった。ミンク、リス、ネズミ、それぞれの分泌臭を入れた容器を並べ、遠くから犬を放つ。すると七頭がミンクへ突進した。

こうして謎は解明されたことになった。猫にマタタビのごとく、猟犬はミンク臭に狂乱し、まさかそれほどの高所とは思わず、橋の下の獲物へまっしぐらだったのだ、と。

だが、はたしてそれだけなのか？　そもそもミンク臭が漂いのぼってくる橋は、世界でオーヴァートン橋だけなのか？

何より、どうして犬は自殺しないと言いきれるのだろう？　太古から人間の友である知的なこの動物に対し、そんな決めつけは無礼ではないのか？　犬の世界が嗅覚の世界であり、人間の環境地図とは全く違うのはよく知られている。それならば、同じように彼らの感知能力が我々のそれを上回り、霊的な何かに鋭く感応《かんのう》したという可能性だってないとはいえまい。

グリム童話「歌う骨」

ドイツの言語学者・文献学者であるグリム兄弟が、綿密な調査のもとに民間伝承を収集、記録したのが、『子どもと家庭のための童話』、通称『グリム童話集』だ。原初的残酷さを孕《はら》むお話も数多く採録されており、比較的よく知られているのが、「歌う骨」。

――ある国で巨大イノシシが暴れ、人々を恐怖に陥《おとしい》れた。王がお触れを出す。退治した者は一人娘である王女との結婚を許す、と。これは即ち、次期国王の座の約束だった。

貧しい兄弟が名乗りをあげ、さっそく森へ向かう。けれど兄は森のそばの居酒屋に腰を落ち着けてしまい、素直な心根の弟だけが臆せず進んでいった。すると不思議なこびとが現れ、槍をくれた。弟はその槍でイノシシを倒す。

弟が獲物を背負って居酒屋の前を通ると、兄から、まあ一杯どうだと誘われる。悪だくみには全く気づかず、弟は夕方までそこにいて、暗くなってから兄といっしょに城を目指した。途中の小川に架かる橋の上のちょうど真ん中で、だが弟は背後から兄に殴りつけられ、殺される。兄は死骸を橋の下へ埋め、自分の手柄《てがら》としてイノシシを王に献上、王女と結婚した。

長い年月がたち、その橋をひとりの羊飼いが通った。ふと下を見ると、砂の中に白い小さな骨がある。笛にちょうどいいと拾いあげ、丸く削《けず》って、角笛《つのぶえ》の吹き口にした。すると笛は勝手に歌い出す、兄に殺され、イノシシと花嫁を横取りされた、と。びっくりした羊飼いが城へ駆けつけ、王に笛を見せた。笛はまた同じ歌を歌い出したので、王は橋の下を掘らせた。白骨死体が見つかり、兄は弁明できなかったので、生きたまま袋に入れられて水に沈められた。

カインとアベルを髣髴《ほうふつ》とさせる、妬《ねた》みによる弟殺しの陰惨《いんさん》な物語。

悪事はばれ、悪人は罰せられるが、ただ悲しみが残るばかりで、誰ひとり救われない。殺された者が生き返るでなし、殺した者が改悛《かいしゅん》するでなし。王の怒りは解けず、夫を失った王女の心は痛みに彷徨《さまよ》うであろう。

兄は弟を殺害後、長い間——砂に埋めた死体が白骨化するまで——悠々と暮らしを楽しんだはずだ。かつての身分なら決して味わえない贅沢三昧《ぜいたくざんまい》、美しい妃、人々の敬意、そうしたものをたっぷり味わい尽くしたはずだ。

迷うことなく悪を働き、何ら疚《やま》しさを感じない人間に、周囲は手ひどい傷を負わされる。たとえその人間が排除されたからといって、傷が癒《い》えるわけではない。

弟の白い骨はどんな音で、どんなメロディを奏《かな》でたのだろう？　怒りや恨みのこもったものだったのか、それともただひたすら嘆きと悲しみの色調にあふれていたのか……。

殺人が橋の上でおこなわれたということに、橋に対する人々の無意識的イメージがうかがえる。

橋は二つの異なる世界をつなぐ場所だ。この物語で言えば、貧から富への、社会の最下層から最上層への、変化の道筋だ。渡り終えた兄は夢のような境遇を手に入れ、橋の半ばで殺された弟は、先へ行くことも元へもどることもできない。

同じく橋は、この世とあの世をもつないでいる（ちなみに弟が殺された「黄昏時《たそがれ》」もまた、この世とあの世の境い目が溶暗する時間帯）。橋の下に埋められ、魂をとどめおかれた弟は、黄泉《よみ》の国へも行かれずそのまま橋のたもとに漂い、特殊な力の主

（ここでは羊飼い）に見出されるのを待っていた。

橋はその性格上、常に危険を宿し、犠牲の払われる場になりやすい。橋でドラマが起こるのはそのためであり、人々は深層心理のうちにそれをよく知っていた。

この「歌う骨」に依拠《いきょ》して、グスタフ・マーラーがカンタータ（＝交声曲）「嘆きの歌」を作った。ただしグリムとの決定的違いが二点ある。

まず橋が出てこない。

そして兄が弟殺しを悔《く》やむ！

幸せの絶頂たる結婚式で、自分のしでかした大罪に怯え、蒼白《そうはく》になっているのだ。

この変更は、悪人も心の中では反省しているはずだ、という近代人の甘さではないか。

おかげでグリム伝承の凄《すご》みがいっそう増す。長く語り継がれてきた、絶対悪の存在という非情さのほうに、むしろ真実味を感じさせられる。

擬宝珠

伝統的な橋の欄干《らんかん》によく見られる、キューピーちゃんの頭みたいな形状の装飾を「擬宝珠」という。読み方は通常「ぎぼし」だが、「ぎぼうし」とも「ぎぼうしゅ」とも呼ばれる。

命名の由来については二説あり、ひとつは仏教に関係したもの。如意輪観音《にょいりんかんのん》が持つ、何でも願いを叶《かな》える玉を宝珠《ほうじゅ》といい、先が尖《とが》って炎の燃え上がった形をしている。それに似せた、つまり擬《ぎ》した形なので擬宝珠。魔の通り道となる橋を守り、渡る人の祈願成就《じょうじゅ》のため設置されたという説だ。

もうひとつは、ネギ坊主説。ネギの花もまた形がそっくりなところから擬宝珠の異名をとる。ネギは中央アジア原産で、その強い芳香から魔を払うと信じられた（百合の花やニンニクと同じ）。日本に入ってきたのは八世紀以前。古代にはすでに薬用としてばかりか、神事や祭事に呪術的野菜として用いられていた。

いずれにせよ――観音様の宝玉であれ、ネギ坊主であれ――擬宝珠が橋の護《まも》りなのは間違いない。
さて、橋の擬宝珠は丸い部分だけを指すのではなく、親柱（両端、及び主要な太い柱）の頂部にかぶせられた筒《つつ》型の胴体までを言う。つまり丸い頭が細い首で胴に繋《つな》がっているのだ。古い様式の擬宝珠はこの首の部分が短く、胴が太い（昔の日本人体型？）。胴部には柱が入っているわけだが、頭部は通常はカラで、時に神社のお札や施工者の名を連ねた紙片が入っていたりする。

擬宝珠はさまざまな物語を引き寄せた。

面白いのは、明治時代の新作落語「擬宝珠」。これは擬宝珠フェチ（？）の若旦那が主人公で、何と彼は擬宝珠と見れば舐《な》めずにおれない。おかげでそれぞれの橋ごとに擬宝珠の味が違うのを、ソムリエみたいに区別できるというのだから呆《あき》れる。しかもこの性癖《せいへき》を両親に打ち明けると、父母とも同じ嗜好《しこう》だったという馬鹿馬鹿しくも可笑《おか》しい結末。

同じ舐めるのでも、杉浦日向子《ひなこ》の漫画『百物語』にでてくるのは、奇妙で少し怖い話――なかなか子どもに恵まれない若妻が、毎日毎日擬宝珠に祈り続けた結果、ついに懐妊《かいにん》した。ところが夫は、自分の子ではない、浮気したのだろうと怒り、辛《つら》く当たるようになる。いたたまれず妻はその橋から身を投げた。すると川へ落ちてゆく途中でふいに鬼が現れ、女の下半身をぺろりと舐めて腹の子を奪ってしまう。女は川へ落ちたが生き延び、以後、擬宝珠のある橋を怖がって渡れなくなってしまう。ずいぶんエロティックだ。そもそも祈るシーン自体も、手で撫《な》でるだけではすまず、擬宝珠にむしゃぶりついて裸の両脚を巻き付け、忘我《ぼうが》の体《てい》といったありさまだった。ネギ坊主のこの形が明らかに別のものを連想させる証しとなっている。夫の疑惑もあんがい当たっていたのかもしれぬ。

さらに怖い擬宝珠伝承は——ある橋の、特定の擬宝珠を叩《たた》いて「今晩来い」と言うと、妖怪が来ると噂《うわさ》になっていた。若い侍が強がって試してみると、その晩さっそく物の怪《け》が出て取り殺されてしまった。跡目を継いだ彼の弟も、何人嫁を取ろうと次々死んで、お家断絶になったという。

敬すべき擬宝珠を侮《あなど》ると祟《たた》る、ということか。この話もしかしよく読めば、妊娠に繋がっている。子を授けてくれるはずのこの世ならぬ存在に挑《いど》み、怒りを買い、跡継ぎを持てなかった愚かな男は、先述の『百物語』の夫と通じるものがある。

最後は楽しい話——橋の擬宝珠が夜になると一つ増えるので、皆が怖がっていた。ある時泥酔した男がその擬宝珠に酒をかけた。翌朝、橋の上に二日酔いの狐《きつね》が倒れていて、通る人は大笑い。

この化け狐は皆に撫でてほしくて擬宝珠になっていたのかしらん。

首なし幽霊

＊地図③

強い恨みを残して亡くなると「魂魄《こんぱく》この世にとどまりて」、霊が生者にその姿を見せることがあるらしい。橋上の首なし幽霊、日英二国対決編。

一五三六年、悪名とどろくイギリス国王ヘンリー八世が、二番目の妃アン・ブーリンをロンドン塔で斬首した。罪状は、妖術を使って王を誘惑した、臣下や自分の弟とまで肉体関係を結んだ、等々。

むろん冤罪《えんざい》である。ヘンリーは世継ぎの男児が欲しくてたまらず、女児ひとり（後のエリザベス一世）しか産めなかったアンを手っ取り早く始末したかったのだ。彼女の首が落ちた知らせを狩り場で聞いたヘンリーは、そのまま嬉々《きき》として愛人のもとへ駆けつけ、プロポーズしている。

これでは化けて出たくもなるだろう。いや、化けて出るに違いないと、誰もが思ったのであろう、まもなくいくつもの目撃譚《たん》が囁《ささや》かれはじめる。霧深い夜、ロンドン塔へ向かって走る一台の馬車。そこに乗っているのは、膝《ひざ》の上に自らの首を持つアン・ブーリンだった！

塔の門衛も幾世代にわたってこの幽霊を見たとされ、驚いたことに二十世紀初頭においてさえ次のようなことが記されている――持ち場を離れた門衛が軍法会議にかけられたが、首なしアンを見て逃げたとの釈明が認められ、無罪となった。この衛兵の持ち場に幽霊が出るのは周知の事実だからという。

やがてアンは、幼少期を過ごしたロンドン郊外ヒーヴァー城の橋にも現れるようになる。この時の彼女は何やら楽しげだとか。しかし自分の首を持って楽しげだと言われても……。それよりどうして彼女はヘンリーの寝室に出ないのか、日本人にはちと解《げ》せない。

さて、イギリスの幽霊好きに負けないのが日本。足なしが基本だけれど、首なしもちゃんと出る。

アンの処刑からおよそ半世紀後の一五八三年（天正十一年）、賤《しず》ケ岳《たけ》の戦いで秀吉に負けた柴田勝家は、本拠地の越前（福井）にある北ノ庄城へ逃れ、その天守閣で正室お市の方とともに壮絶な最期を遂げる。旧暦四月二十四日のことだった。城は秀吉の養子秀康に与えられ、大改築して名も福井城へと改められた。怪異はこのころから始まる。

城下に流れる足羽川には、九十九《つくも》橋という半石半木の橋が架かっていた（これは戦の際、いざとなれば木造の部分を落として敵を近づかせないためと言われる）。その橋上を、四月二十四日の丑三《うしみ》つ時《どき》、数百の騎馬が南（賤ケ岳方面）へ向かって通って行くのだという。しかも武者《むしゃ》は皆、首なし。馬まで首なし。

この恐ろしい行列を見た者は、まもなく血を吐いて死んだ由《よし》。

言い伝えは連綿と続き、一五〇年ほど後の江戸時代にも、こんな話が語られている――行列をたまたま目撃した表具師が、家へ走り帰ってその様子を絵に描いたところ、やはり血を吐いて死んでしまう。その絵はある武士のものとなったが、あまりに不吉だと火に投じられた。すると炎はたちまち燃え広がり、周囲の家屋敷はもちろん寺まで焼き尽くす大火となった。

一九〇九年、九十九橋は木造橋に架け替えられる。首なし武者の行列を通れなくするためだったとの説もある。半石半木の奇橋が普通の橋になれば、怪異も起こるまいということだろう。現在はもちろんコンクリート橋だ。

アン・ブーリンの幽霊はただ出てくるだけだったのに、武者行列は無関係の目撃者に祟《たた》るのだから理不尽《りふじん》だ。古い建物の売買で幽霊が出ると噂《うわさ》された場合、日本なら価格は急落するのに、イギリスではかえって上がるのは、そういうところからもきているのだろうか……？

橋の下のトロール

橋を渡るのは危険と隣り合わせだ。落ちるかもしれない、前から化け物が来ても逃げ場がない、橋自体が時に異界と化す。おまけに橋の下は無気味《ぶきみ》に暗く遠く、得体《えたい》の知れぬ何かが棲息《せいそく》していそうな気配がある。

ノルウェーの昔話によれば、豊かな草原に通じる木橋の下に、トロールが棲《す》みついていたという。トロールとは、北欧神話の凶暴な闇の狩人、毛むくじゃらの醜《みにく》い人食い鬼のこと。橋の下で待ち伏せし、通る者を一呑《ひとの》みしていたのだった。

さて、ここに三匹の山羊《やぎ》が登場。小さな山羊の名は「がらがらどん」、中ぐらいの山羊の名も「がらがらどん」、大きな山羊の名ももちろん「がらがらどん」。三匹は向こう岸の美味《おい》しい草を食べるため、勇を鼓《こ》して橋を渡ることにした。

まず小さながらがらどんが渡り始めると、案の定、下から躍《おど》り出たトロール、おれの橋をミシミシ鳴らす奴《やつ》は誰だ、喰《く》ってやるぞ！

そのあまりの醜さに、怖くて倒れそうになるのをこらえ、がらがらどんは小さな声でこう言った、ぼくのあとからもっと大きな山羊がきます。トロールはもっと太った次の山羊を待つことにした。

中ぐらいのがらがらどんが来た。おれの橋をギシギシ鳴らす奴は喰ってやるぞ、のトロールの威嚇《いかく》に、次に来る山羊はもっともっと大きいです。トロールは待つことにした。

いよいよ最後の大きながらがらどんが、橋をドスンドスン鳴り響かせながら渡ってくる。トロールが喰ってやるぞ、と飛び出したが、がらがらどんは、おまえこそ覚悟しろ、と怒鳴り返し、その立派な二本の角《つの》で突きとばす。トロールは深い谷底へ落下し、死んでしまった。

こうして三匹のがらがらどんは、橋向こうの新鮮な草をたっぷり食べることができました、めでたし、めでたし。

大人はもしかするとこのあっけない展開に不満かもしれない。

せっかく三匹いるのになぜ協力しあわないのか、力でなく智恵をめぐらす別の解決法はなかったのか、果ては、トロールを許して「皆仲良く」のエンディングにすべきだ、などと。

でもそれは大人の視点だ。子どもの知ったことじゃない。この昔話は、あくまで子どもの目線に沿っている。

自分が小さかったころを思い出してほしい。世界が巨大すぎ、理不尽だらけで、恐怖に満ちていた幼い日のことを——

高所に架かる木橋を渡るだけでもうドキドキしたのではなかったか。ましてその橋は無気味な軋《きし》み音をたて、今にも自分を呑みこみかねない。なのに大人は平気な顔をしていた。ああ、早く大きく強くなりたい！

そうした心にこれほどぴったりくるお話はない。大・中・小の山羊の名がどれも「がらがらどん」ということで、小さな子にもこれが同じ一匹、同じひとりの人間、いや、自分自身のことだとすぐ理解できる。小さすぎて無力な時には、トロールという憎らしい相手に対しても腰を低くし、わたしはつまらない存在だから見逃してくださいと頼まねばならない。しかし晴れて立派な大人となった暁《あかつき》には、完膚《かんぷ》なきまでに叩《たた》きのめすことができる。

橋は避けて通れぬ試練の場、トロールはいつか必ず対決せねばならない恐怖の源の象徴だ。この昔話に目をきらきらさせて聴き入る子どもたちは、がらがらどんになりきって橋を渡る冒険に挑《いど》み、トロールの脅《おど》しに耐え、ついに最後はカッコよくやっつける。苦難を経て成長することの、何という喜び！

がらがらどんは、しばらくするとまた別の橋を渡らねばならないだろう。人の定めは、こうしていくつもの橋を渡り、いくつもの恐怖と戦い続けることにある。

橋と鬼

＊地図 ④

橋は時に魔界とつながり、鬼と出会うことがある。無事に生還できるのは、渡辺綱《わたなべのつな》のような肝《きも》のすわった武士だけかもしれない。能にも歌舞伎にも映画にもなっている彼の武勇伝は、『平家物語』〈剣の巻〉によれば――

平安時代中期の京都。源頼光に仕える四天王の筆頭、渡辺綱が、所用を終えて夜に馬でひとり、堀川の一条戻橋《もどりばし》へとさしかかった。この橋には最近鬼が出て、夜な夜な人を喰《く》らうと噂《うわさ》されていた。

綱は目の前を若い女が歩いているのに気づく。見ると美しい女で、「五条まで送ってほしい」と頼まれる。馬に乗せ、少し走らせると彼女はまた「都の外まで行ってほしい」と言うので、「どこまでもお送りしますよ」と答えた。

この世ならぬ者と言葉を交わした瞬間だ。女はたちまち鬼の正体をあらわし、物凄《ものすご》い形相《ぎょうそう》で、「わが行くところは愛宕山《あたごやま》ぞ」と言うなり、彼の髻《まげ》をむんずと摑《つか》んで飛び始めた。綱は頼光から借りていた名刀「髭切《ひげきり》」を抜き、鬼の片腕を切り落とす。

鬼は飛び去り、綱は片腕を持って帰る。安倍晴明《あべのせいめい》に占ってもらうと、大凶ゆえ七日間は物忌みし（蟄居《ちっきょ》して不浄を避ける）、鬼の腕は櫃《ひつ》に封じるべしとのこと。

しかし物忌み六日目、養母である伯母がわざわざ上洛《じょうらく》して訪ねて来た。綱は斎戒《さいかい》を破り、彼女を部屋へ招じ入れてよもやま話をしたあげく、櫃まで開けて見せた。途端に伯母は鬼と変じ、「これは我が手」と取るなり、屋根の破風《はふ》を突き破って虚空へ消えたという。

二度までも鬼と接しながら、渡辺綱は武勇と名刀のおかげで命を取られずに済んだのだった。

さて、では強くもなく、名刀も持たない無名の武士ならどうか？

『今昔物語』に、渡辺綱の場合とよく似た伝承が記されている。舞台は近江の日野川。かつてここには安義橋《あぎのはし》という名の橋が架かっていた（現在の安吉橋との説あり）。交通の要所にもかかわらず、鬼が出るというので恐れられ、通る者もいない。

ある夜、近江守の屋敷で武士たちが安義橋の噂をしながら酒盛りをしていた。酔った勢いで一人が、殿から名馬を借りられたなら鬼がいるかどうか肝《きも》試ししてもよい、とつい大きく出た。ところがまさかと思っていたのに、殿は馬を貸すと言う。周りもはやしたてるし、行かずにおれなくなる。

この武士、腕には自信がないが知恵はあったようで、馬の尻に油をたっぷり塗って出かけた。橋を渡っていると美女がいて話しかけてくる。鬼に違いないと、一目散に馬を走らせた。振り向けば三メートル近い巨大な鬼が追ってくる。何度も追いつかれながら、油を塗っていたおかげで鬼の手も滑って馬を摑めない。こうして無事に橋を渡り終えた。

三十六計逃げるに如《し》かずとはこのことだ。鬼に返事をしなかったのが勝因だった……と言いたいところだが、敵もさるもの、狙《ねら》った獲物は逃がさない。後日談がある。武士は陰陽師《おんみようじ》から物忌みせよと言われ、家に籠《こも》るが、遠方から弟が訪ねてくる。最初のうちは乞われても戸を開けなかった。だが母の命が危ないので話を聞いてほしいと再三頼まれ、とうとう部屋に招き入れて言葉を交わしてしまい、喉を食い破られて殺されてしまった。

一度は助かった命なのでなおさら悲惨な結末に思える。ハッピーエンドではだめだったのだろうか。だめなのだ。なぜならこの話は、人界と魔界は決して交われるものではないという、厳しい掟《おきて》を伝えるものだから……。

それはともかく、橋で美女を見かけたらとっとと逃げた方がいい。いや、その前に、美女がいたら橋は渡らず遠回り？

行きどまりの断橋

＊口絵 2
＊地図 ⑤

フランス南部、プロヴァンス地方の中世都市アヴィニョンは、趣《おもむ》きある歴史地区として世界遺産に登録されている。その顔となっているのが、サン・ベネゼ橋、通称アヴィニョン橋だ。

この橋の建設は十二世紀の終わり、日本では平家滅亡のころ。伝説によれば、羊飼いの少年ベネゼがローヌ川に架橋せよとの神の声を聞き、司祭のもとへ行くが相手にされないどころか、そんなに言うなら奇蹟でも起こしてみろとからかわれる。そこでベネゼは、大人が数人がかりでも持ち上げられない巨大な石を抱えあげ、河畔に礎《そ》石《せき》としてドスンと置いた。皆は驚き、たちまち寄付金と人出が集まったそうな。

八年の歳月をかけ、二十二のアーチを持つ、全長九百メートルの大きな石橋が完成した。残念ながらその前年、ベネゼは十九歳の若さで亡くなっていた。橋の工事の合い間にも、難病治癒《ちゆ》などいくつかの奇蹟をおこなったので、ローマ教皇は彼を聖人に認定した。

いつ？

何と一五〇年後に！

ベネゼは、橋梁《きょうりょう》建設者の守護聖人となる。フランス語の「サン」は「聖」の意だから、サン・ベネゼ橋、イコール聖人ベネゼの橋という意味だ。


現在のサン・ベネゼ橋は、異様な姿をさらしている。川に突き刺さるように、途中でぷっつり断ち切られているのだ。うち続く戦乱や洪水で破壊され、ついにアーチを四つ残すのみ。

いつから？

何と十七世紀後半から！

それほど長い間、建て替えもせず、撤去《てっきょ》もしなかったのはなぜだろう。古代ローマの技術を伝承し、モルタルを使わず石を空積みしているので、復元が難しかったらしい。また時代が下ると、橋幅五メートル弱では万事に狭すぎ、ニーズに合わなくなった。

行きどまりの断橋では、こちらとあちらを繋《つな》ぐ橋の役目を全く果たせない。にもかかわらず撤去されなかったのは、不思議にシュールな景色、歴史的建造物への思い入れ、さらには古謡「アヴィニョンの橋で踊ろうよ、踊ろう」が世界的によく知られていることの魅力が大きい。橋の名もサン・ベネゼ橋より、アヴィニョン橋という通称のほうが有名だ。今なお（有料だというのに）おおぜいの観光客が、この「橋ならぬ橋」「渡れぬ橋」を行ったり来たりしている。

それにしてもこの程度の幅だと（途中の礼拝堂の横など二メートル足らず）、歌詞にある「輪になって踊る」のはとうてい無理だ。橋の「上」ならぬ、「下」で踊ったのではないかと推測する研究者もいる。

確かにもともとの橋は、ローヌ川の中島をまたいで向こう岸まで通っていた。中島でなら、橋の下から橋を仰《あお》ぎ見つつ、輪になって踊れたであろう。

この古謡本来の作詞者の名は知られていない。さまざまなヴァリエーションがあるが、もっとも単純でおそらくもっとも古いと思われる歌詞は、「輪になって踊る」の後、橋を通る人々が列挙される。「男も通る、女も通る」「坊さんも通る、兵隊も通る」「酔っ払いも通る、小僧《こぞう》も通る」。職業としては司祭と兵士だけで、まさにこれこそアヴィニョンという町を象徴している。

アヴィニョンは、一三〇九年から一三七七年まで、教皇庁の置かれた宗教都市であった。分厚い城壁に囲まれた、峻厳《しゅんげん》な教皇宮殿が遺《のこ》されているのはそのためで、ここにローマ教皇が七代にわたって住んだのだ。ローマに住めないローマ教皇、それはつまりフランス国王の軍事下にあったことを意味する。

超国家的存在であるはずの教皇庁が、世俗の力に負けて無理やりローマのヴァチカンからアヴィニョンへ移されたのだから、この期間をイタリア人が無念をこめて「アヴィニョン虜囚《りよしゆう》」と呼ぶのももっともだ。これは旧約聖書におけるユダヤ人の「バビロン虜囚」をもじった呼び方である。

だが教皇庁のあった時代のアヴィニョンは、人口が一挙にそれまでの五倍になるほど栄えた。「坊さん」も「兵隊さん」も景気浮揚《ふよう》に大いに貢献し、無数の「酔っ払い」がサン・ベネゼ橋を千鳥足《ちどりあし》で通ったに違いない。ベネゼが聖人に認定されたのは、そんな時代だった。アヴィニョン教皇庁二代目のフランス人教皇ヨハネス二十二世が、ご当地から聖人を輩出すべく、政治的判断を下したのであろう。

イソップ物語

東京の上野動物園には、西園と東園を結ぶ橋がかかっている。名札には「いそっぷばし」。イソップ寓話《ぐうわ》集で知られるイソップだ。

欄干の両側、擬宝珠《ぎぼし》を置く場所に、可愛《かわい》らしい半球の灯が設置され、上にはそれぞれウサギとカメの小さな銅像が飾られている。これはもちろん、世界一有名な徒競走《ときようそう》の物語からきている。

——ウサギとカメが山のふもとまでかけっこし、圧倒的に早いウサギが相手を侮《あなど》り、途中で寝入っている間に、のろくとも倦《う》まず弛《たゆ》まず走り（歩き?）続けたカメが最終的勝利をおさめる。

強者への慢心の諌《いさ》めと、弱者への努力の大切さを説く教訓譚《たん》だ。

橋は?

実はこの話に橋は全く出てこない。ではなぜ動物園がイソップの名を冠したかと言えば、園内モノレールのスピード感もいいけれど、ゆっくり歩いて橋を渡るコースも、別の発見があって楽しいですよ、という意味なのだそうだ。

イソップ寓話の橋と言ってすぐ思い出されるのは、「犬と骨」（または「よくばりな犬」）だろう。

――骨をくわえた犬が橋を渡っていて、ふと下の水面を見ると、骨をくわえた犬がいるではないか。どうもその骨のほうが、自分のより大きそうだ。おまえのをよこせ、と脅しの一声を発した途端、口から骨が落ちて川を流れていってしまう。しかも水に映っていたのは、自分自身の影だった。

間抜けな犬だが、ガリガリ亡者《もうじゃ》とは得てしてこういうものだという、人々のイメージに合致《がっち》して説得力がある。

「ロバを売りに行く親子」にも、橋が登場する。

――父と息子がロバを売りに市場へ行く途中、通りすがりの者から、せっかくロバを持っているのに乗らないのはもったいないと言われ、息子を乗せた。

しばらく行くと別の人から、若いくせに楽をしてけしからんと叱られ、父と交代する。それを見た他の者が、子どもを歩かせるとはひどい親だと非難した。それならばと、親子いっしょに騎乗して進めば、今度はロバが重そうでかわいそう、と文句をつける人があらわれる。

いったいどうすりゃいいんだと思案するうち、橋にさしかかる。橋は交通量が多い。つまりクレーマーも多い。親子は誰からもクレームをつけられぬよう、長い棒にロバの脚をくくりつけ、逆《さか》さに担《かつ》いで歩くことにする。当然ながらロバはこんな姿勢だと苦しくてしかたがない。もがいて暴れて紐《ひも》が外れ、川に落ちて死んでしまった。親子は大損害を被《こうむ》ったのだった。

わかりやすい教訓だ。自らの内に確固たる基準を持たぬ者は、その時々の他者の意見に踊らされ流されて、結局は大切なものを失うはめになる。この親子の災厄《さいやく》が、運命の分岐《ぶんき》点たる橋の上で起こったのは必然なのだ。

見も知らぬ人間の無責任な言葉に翻弄《ほんろう》されるまま、どんどん橋へ、破局へ、愚かな決断へと追い込まれてゆく過程には、つくづく説得力がある。

紀元前六世紀、つまり二五〇〇年もの昔に書かれたイソップ寓話が、今なお価値を持ち、世界中で読まれ続けているのは、変わらぬ人間の愚かさゆえだろう。

とりわけこの「ロバを売りに行く親子」には、現代を強く感じさせられる。多くの人がいて、いろんな情報が飛び交《か》う橋は、インターネット空間そのものだからだ。我々は毎日毎日知らず知らずのうちに、その空間で発信されている膨大《ぼうだい》な情報や主張を読まされる。どれももっともらしいが、真実か虚偽かを見分けるのは並大抵のことではない。意図的に流される偽情報に対抗するにはどうしたらいいのだろう。

とてもこの親子を笑えない。

この世は橋

この世ないし人生は、さまざまなものに喩《たと》えられてきた。道（徳川家康）、舞台（シェークスピア）、書物（ジャン・パウル）、自転車（アインシュタイン）、マッチ（芥川龍之介）、さらには航海、涙の谷、ロウソクなど。チョコレートの箱（映画『フォレスト・ガンプ』）というのまであった（開けてみないと何が入っているかわからない、の意）。

では橋は？

聖書には記されていないのだが、イスラムの伝承によれば、イエス・キリストがこう言ったという、「この世は橋である。渡ってゆきなさい。だがそこに家を建ててはならない」。

ここからさらなる物語へと展開したのだろうか、十八世紀前半にイギリスで活躍した詩人で政治家のジョゼフ・アディソンが、カイロで見つけた原本によるとの断り書きのもと、「ミルザの幻影」というエッセーを書いている。

およそ次のような内容だ。

夢想家ミルザがバグダッドの丘で、ひとりの不思議な羊飼いと出会う。彼はミルザを丘の頂まで連れてゆき、眼下に広がる川と橋を指さして、「あれは永遠の流れと人の一生だ」と、教えてくれた。

橋の両側は黒雲がたちこめて視界が遮られているが、ミルザが数えるとアーチは百近くあった。ただしそのうち三十ほどは壊れているので、完全なアーチは七十ほどしかない。羊飼いが言うには、かつては千のアーチがあった由。

おおぜいの人が橋を渡っており、上空にはハゲワシ、カラス、ウなどの不吉な鳥や、ギリシャ神話中のハルピュイア（女面鳥身の怪鳥。飢餓《きが》と貪欲《どんよく》の象徴）が飛び回っていた。一方でしかし小さな翼をもつ裸の男の子も混じり、時折欄干に止まるのだった。

通行人は絶え間なく川へ落下していた。楽しげに渡っていた者も、目の前に浮かび漂う泡を夢中で追っていた者も、疲れ切った様子で足を引きずっていた者も、ふいに、そしてぽろぽろと橋から落ちてゆく。

ミルザがよく見ると、橋にはそちこちに落とし穴があいていた。穴は渡りはじめと到達付近にとりわけ多く、中央部はそれほどでもないのだが、その代わり新月刀《しんげつとう》を持った「人間ならぬ者」が通行人を穴へと追いやり、落としているのだった。ミルザが、「ああ、人生とはなんと虚《むな》しいのだろう」と嘆くと、羊飼いは川の先の天国も示してくれる（あとは略）。

ここに描かれた比喩は異文化の人間にもきわめてわかりやすい。橋の渡りはじめが雲に覆われているのは、幼年時代の記憶が模糊《もこ》としているからであり、落とし穴の多さも乳幼児死亡率の高さを指している（これは晩年にも言える）。アーチの数は人間の寿命だ。かつて十倍もあったというのは、旧約聖書のアダムやノアが九百歳を超えて生きていたことを思い起こさせる。橋の中央、即《すなわ》ち青・壮年期までくると、愛を知る一方で、数々の苦労や欲にまとわりつかれ、足元をすくわれる。やはり常に死はそばにあるというわけだ。

本来、橋は双方向性で両者をつなぐものだが、ここでは生まれて死ぬという不可逆的な橋だ。エスカレーターのように一方通行に進むばかりで、立ち止まることも後戻りもできない。どんなに後悔してもやり直ししたくとも、許されない。しかも晩年には再び黒雲に覆われ、アーチは崩れている。必ず落下の運命が待つ。

切ない話ではないか。この世は橋は橋でも、誰ひとり渡り終えることのできない、壊れた橋だというのだから……。

死者専用の橋

　この世とあの世、俗界と霊界、此岸《しがん》と彼岸《ひがん》。両者の間には、滔々《とうとう》と流れる川や炎熱砂漠、底知れぬ闇などが広がり、死者は橋を渡り、また船に乗せられて、生者の世界を去る——これは世界中のさまざまな文化圏に、共通して見られるイメージだ。

　死者専用の、そんな橋を見てゆこう。

　ゾロアスター教におけるチンバッド橋（審判者の橋）は、罪の大小によって幅が広くなったり狭まったりと伸縮自在。マホメット教におけるアル・シラト橋（細長い橋）は剣のごとく尖《とが》り、両側は茨《いばら》の棘《とげ》で覆われている。ユダヤ教の場合、罪深い偶像崇拝者は糸より細い橋を渡らねばならない。これらはどれも、落ちた先には極熱地獄が待っている。

　ネイティヴ・アメリカンのヒューロン族は、死の川に架かる丸太橋について語り伝える。そこには番犬がいて飛びかかってくるので、死者の多くは橋からころげ落ちてしまう。マレーシアには巨大な鉄釜《てつがま》に架かる橋、ニューギニアには蛇でできた橋と、人間の想像力は逞《たくま》しい。

北欧神話では、冥府《めいふ》ニヴルヘイム（氷の国）へ行く途中のギョル川（凍った川）に、ギョル橋が架かっているが、これは何と、髪の毛で吊《つ》るされている。そこにいるのは番犬ならぬ、死衣を着た巨人女性。生者が通らぬよう、見張っている。

ではギリシャ神話はどうだろう？　面白いことに橋はない。だが川は縦横《じゅうおう》に流れている。

地下の冥界を幾重《いくえ》にも取り巻き、人間界との境界を形造る大河ステュクス（憎悪）。水は猛毒とも不老不死をもたらすとも言われ、支流がいくつもある。忘却の川レーテ―、火の川プレゲトン、嘆きの川アケロンが有名だ。

橋がないので、死者たちはステュクス川を小舟でゆく。その舟を漕《こ》ぐ渡し守は、無愛想で薄汚い半裸の老人カロンで、彼は死者に金銭を要求する。そのため古代ギリシャでは弔《とむら》いの際、死者の口内に銅貨を一枚入れた。カロンに礼金を払えなかった死者は舟に乗せてもらえず、生死のあわいともいうべき川岸を、孤独に苛《さいな》まれながら百年も彷徨《ほうこう》せねばならない。

日本人にとって、これはどこかで聞いたような話だ。そう、三途《さんず》の川である。死者が渡る三途の川が最初にあらわれたのは、偽経『地蔵十王経』と言われている。これをもとにした地獄の絵解きが諸国に広まり、だいたい今の形におさまったらしい。それによれば、この川の幅は四十由旬《ゆじゅん》（一由旬は牛車の一日の行程とのこと）、いずれにせよ現存の日本の川には無い広大な幅で、とうてい向こう岸など見える距離ではない。死者たちはここから船に乗るが、その料金は六文。そこで棺《ひつぎ》には一文銭を六枚入れるようになった。

ギリシャ人が渡し守として個性的なカロンを造形したのに対し、日本人は船を漕《こ》ぐ者に関心をはらわなかった。その代わり、川原になかなかインパクトの強い二人が待ちうけている。奪衣婆《だつえば》という凄《すさ》まじい形相の老婆と、懸衣翁《けんえおう》という、これまた鬼のごとき老爺《ろうや》だ。

奪衣婆は六文銭を払えない死者から、無理やり衣服をはぎとり、衣領樹《えりようじゅ》という木の上にいる懸衣翁に渡す。老爺が枝に衣を掛けると、持ち主の業《ごう》の深さに応じて枝が軋《きし》むのだそうだ。

橋は？

船で三途の川を渡るというのは、実は平安末期に形成された考えである。それ以前には、この川には橋が架かっていた。「三途」、つまり「三つの途《みち》」。川を渡るのに、かつては三ルートあったのだ。

善人は金銀七宝で造られたキンキラキンの橋を歩いて、あの世へ行く（とはいえ三途の川は大変な距離があるから、かなり疲れるような気がする）。

悪人のうち、まあそれほどでもなかったという者は浅瀬を渡る。水は膝くらいまで。

極悪非道の大悪人となると、深瀬なので大変だ。しかも波は山ほど高く、上流から岩が流れてきてぶつかるは、水にもぐると毒蛇がいるは、水面に顔を出すと今度は鬼が弓を射る。すでにしてこれは地獄としかいいようがない。

美しい橋の上から、善人はそれを眺めたのだろうか。ほんとうの善人なら胸を痛めるだろうし、ちょっとでもザマミロなどと思ったらカンダタみたいに落とされそうだし、できれば見えないでほしいものだ。

祈願の橋

＊地図 ⑥

橋は、川や谷や海峡など大きな障害によって分離させられた状態をつなぐ建造物だ。ここから「困難を乗りこえる」シンボルともなる。

「今」の閉塞《へいそく》状況を打ち破るため、難儀しながら橋を渡り、あらまほしき未来へ到達する——であれば、橋が願掛けの対象となるのも必然といえよう。

三島由紀夫の有名な短編『橋づくし』がそれを扱っている。

中秋の名月の深夜、家を出てから七つの橋を渡りきるまで決して口をきかないでいられたら願いは叶《かな》う、との言い伝えを信じた四人の女性の物語だ。

時代は一九五〇年代半ば、ところは銀座。主人公の満佐子《まさこ》は、新橋の一流料亭の箱入り娘で、大学で芸術を専攻するインテリ女性でもある。だが二十二歳にもなってどこかまだ幼く、一度店に来た時いっしょに写真を撮っただけの俳優に恋焦《こ》がれ、彼と結婚するのが目下最大の夢であった。

満佐子の小学校の同級生かな子は芸者で、全面的にバックアップしてくれる「旦那」を持ちたい。また彼女の先輩中年芸者小弓は金が欲しい。橋めぐりはこの三人で計画した。

そこへもう一人余計者が加わる。満佐子の母親が夜の外出を心配してお供につけた、女中のみなだ。東北から出てきたばかりのみなは、色黒で逞《たくま》しく、容貌はなはだ劣り、頭も悪そうだと、満佐子は軽蔑を隠さない。それでも根は親切なので、せっかくだから自分たちと同じように願掛けしてはどうかと勧《すす》めてやる。ただし、みなの反応が鈍いので理解したかどうかわからない。

さて、目指すは近くの築地川（隅田川の分流）に架かる橋だ。小弓を先頭に、満佐子とかな子は手をつなぎ、物思いに耽《ふけ》りながら進む。後ろから、いかにもだらしない足音をたててみながついてくる。

最初の三吉橋はY字になった三叉《さんさ》橋なので、二辺を渡ることで二橋とカウントする。渡る前には必ず手を合わせて祈り、渡り終えてもう一度祈る。次は築地橋、入船橋、暁橋、堺橋、最後が備前橋だ。真夜中で人通りもなく、やすやすと願掛けは成就《じょうじゅ》するかと思われた。しかしまさに「乗りこえねばならぬ困難」が彼女らを待ち受けている。

四つ目の入船橋を前に、まずかな子が脱落する。少し前から腹痛を覚え、とうとう限界になって、もと来た道を駆け去っていったのだ。次いで五つ目の暁橋を渡っている最中、前から歩いてきた女に小弓が声をかけられる。古い知り合いだった。返事をしないでいると、しつこくからまれ、腕をつかまれる。小弓はこの瞬間、自らの破願を悟る。

満佐子は小弓をおいて先を急いだ。落伍者《らくご》にかまっていられない。六橋目を走り抜け、あと一橋。こうなると、だが後ろに続くみながいよいよ鬱陶《うっとう》しくなってくる。かな子がいなくなってから、みなが傍で手を合わせているのを見るのさえ不快だった。

このあたり、三島の筆は冴え、次第に大きくなるみなの存在感がこう描写される、「何か見当のつかない願事《ねぎごと》を抱いた岩乗《がんじょう》な女が、自分のうしろに迫ってくるのは、満佐子には気持が悪い。気持が悪いといふよりも、その不安はだんだん強くなって、恐怖に近くなるまで高じた。満佐子は他人の願望といふものが、これほど気持のわるいものだとは知らなかった。いはば黒い塊りがうしろをついて来るかのやうで」……。

やっと最後の備前橋に辿《たど》りつく。満佐子はたもとで必死に祈るが、その必死さが、たまたま巡回中の警官に見咎《とが》められる。自殺する気かと疑われたのだ。警官の執拗《しつよう》な尋問《じんもん》に、ついに満佐子が叫ぶように言葉を返した時、みなはもう彼女を追い越して橋を走り渡り、十四回目の、つまり満願成就の祈りを捧げているところであった。

結局、みな
が何を祈ったかわからず終《じま》いだ。満佐子がいくら聞いても彼女は「不得要領に薄笑ひをうかべるだけである」。

高慢で怖いもの知らずの若い娘が、黙することの得意な原初的存在に、橋の上で逆転される。

読み終わっていつまでも尾を引き、この少し怖いような可笑《おか》しいような物語を反芻《はんすう》してしまう。それればかりか、実際にこの七つの橋を渡ってみたくなる。だが今や築地川自体がほとんど埋め立てられ、川のない橋と化したばかりか、六つ目の堺橋は撤去《てっきょ》されて橋は一つ欠けてしまった。永久に願いは叶わないのだ。

最後の備前橋からは、古代インド様式の築地本願寺が見える。ここは三島の葬儀のいとなまれた場所だ。

橋と結婚

＊地図 ⑦

大都市東京には、大小数えきれないほどの橋が架かっている。ともするとそれらは道路やトンネルなどと一体化し、川も暗渠《あんきょ》が多く、気づかぬうちに渡っていた、ということになりかねない。いちいち橋の名を気にすることもあまりなくなった。

だが江戸時代までは橋の本数は限られ、どの橋も生活圏の目印、いわばランドマークとして機能していたので、人々は主要な橋の名を記憶していた。だからこそ〈橋の結婚〉という落語が成り立ち得たのだし、逆に今では忘れ去られ、ほとんど高座にかからなくなったのだ。

〈橋の結婚〉は、明治期の三遊亭圓遊《えんゆう》による新作落語。一八七五年（明治八年）に両国橋が架橋されたのを機に作られた。ちなみにこの時の両国橋は、木橋としては最後の架け替えであり、現在のスティール製橋とは場所も少し異なる。

噺《はなし》の内容は――

隅田川の両国橋が結婚することになり、お祝いにいろんな橋がやって来た。たもとで係の者がいちいちチェックする。「立派なお公家《くげ》さまですが、どなたでしょう?」「麻呂は業平橋《なりひら》でおじゃる」などと、一種のクイズ形式になっているのが面白い。老人だと「眼鏡橋」、女性の僧は「比丘尼《びくに》橋」、芸者衆は「柳橋」に「新橋」に「日本橋」、料理方なら「俎《まないた》橋」。黙考しながら通るのは「思案橋」、裸足《はだし》で来たのは「土橋」、幇間《ほうかん》(宴席を盛り上げるたいこもち)なら「扇橋」と「太鼓橋」。凄《すご》い名前もあり、汚れた着物の主なので「乞食《こじき》橋」。さすがに後年これは改名された(今は「白旗橋」)。ダジャレもある。痩《や》せてひょろひょろだからと「数寄屋《すきや》橋」。

その心は、腹がすいた。

ただもう橋の名前を当ててゆくだけなので馬鹿馬鹿しいといえばそれまでながら、聴衆はヒントを受けてどの橋か考えたり、近所の橋の名が出てくればけっこう受けたのではないか。

さて、では両国橋の花嫁はいったい誰?

正解は「吾妻《あづま》橋」。

吾《わ》が妻《つま》(=わたしの妻)なので、誰もが得心《とくしん》ゆく。ついでにお仲人《なこうど》は「永代橋」で、たいそう目出度《めでた》い。

下げは、しかしこれではなく、艶《つや》っぽく決めている。「吾妻橋」は小さな橋を連れていて、それは何と「枕橋」！

ヨーロッパにも、結婚した橋がある。

南フランスのエロー川に架かるポン・デュ・ディアブル（ポンは「橋」、ディアブルは「悪魔」の意）がそれ。修道僧らが建設した、各地にある「悪魔橋」の仲間だ。

完成年は一〇三一年と古く、二つのアーチを持つ、シンプルで短い堅牢《けんろう》な石橋だ。ただし九百年を経た一九三二年、さしもの古強者《ふるつわもの》も重さに耐えきれなくなり、車両は全面通行止めとなった。以来、徒歩でしか渡れない。

さて、ここにひとりのアーティストがいる。オーストラリアはシドニー在住の女性で、世界中をめぐり、さまざまな橋のケーブルがたてる振動を録音し、実験音楽に組み入れてきたのだという。そんな彼女が恋に落ちたと称する相手が、寡黙《かもく》で頑丈な男の中の男（？）ポン・デュ・ディアブルというわけ。

二〇一三年、彼女はフランスのこの橋と国際結婚したと発表する。そして翌年、夫（？）の上で結婚一周年記念パーティを催した。白い花嫁衣裳《いしょう》に身を包み、おおぜいの友人や仲間とともに記念撮影に及んだその様子は、小さなニュースとして世界中に発信された。

おしかけ女房とはまさにこのこと。ポン・デュ・ディアブルだって相手を選びたかろう。勝手に婿殿《むこどの》にされた橋の人権（?）はどうなる。両国橋と吾妻橋の婚姻には相思相愛感が漂っていたけれど、こちらは何となく橋の渋面《じゅうめん》が感じられてしまう。

生きた橋

*地図 ⑧

日本には、動物や魚が橋の役目を担った伝承が少なくない。七夕の織姫《おりひめ》と彦星《ひこぼし》を結ぶカササギの橋も一例だ。夜空に連なり、恋人たちを渡す夥《おびただ》しい鳥のイメージは、幻想的で美しい。

他の例も見てみよう。

全国を行脚《あんぎゃ》した奈良時代の僧、行基《ぎょうき》は、各地にさまざまな逸話を残した。彼が現在の大阪府豊中市を流れる猪名川《いながわ》を渡ろうとした時のこと。洪水で橋が流されていたので、川辺で祈ると、わらわらと鯉《こい》が集まってきて橋を作り、行基を通してくれた。以来、この地方では鯉を大切にして、むやみに殺生《せっしょう》しなくなったという。

一方、山形県には次のような奇妙な話が伝わっている。殿様が帰城の際、氾濫で橋が全て崩壊したとの知らせを受けるが、行ってみると一本だけ丸太が架かっていた。渡り終えて振り返るとそれは大蛇だった——ここまではそう珍しくはない。ところがその先がある。

殿様は蛇の心根や良しと、杖《つえ》で頭を撫《な》でてやろうとして、誤って目を突いて潰《つぶ》してしまった！

恩を仇《あだ》で返すとはこのことだ。こんな殿なら先行きはろくなものではあるまいと思うが、彼についてはそれ以上特に伝わっておらず、蛇に関心が向けられる。以来、そのあたりの蛇は隻眼《せきがん》が多い、と。

鯉に比べ、なんたる悲運の蛇一族であろうか。

渡した者ではなく渡った者の悲運が語られるのが、『古事記』に登場する有名な因幡《いなば》の白兎《しろうさぎ》。

――島から本土へ渡る手段のなかった白兎が、ワニ（鮫《さめ》の古語）を騙《だま》し、頭数をかぞえてやるからと一列に並ばせた。数えるふりをしながら背の上をぴょんぴょん跳んで進み、渡り終わる直前に、やーい、騙された、と嘲笑《わら》ったものだから、怒ったワニにすぐ捕まり、生皮を剝《は》がされてしまう。そんなこんなで痛くて泣いているところへ大国主命《おおくにぬしのみこと》が通りかかり、治療してくれて……と展開する神話である。

何ゆえに兎はわざわざ凶暴なワニを橋に選んだのか、しかもちゃんと渡り切ってもいないのに相手を怒らす馬鹿《ばか》な真似《まね》を、と傍からは思うが、えてして失敗の本質はそんなものかもしれない。

最後は山梨県の桂川に架かる、猿橋伝説。

七世紀に百済《くだら》から渡来した技術者が、この難所（両岸が高い崖）にどうやって架橋すべきか考えていて、たまたま猿の行動を見た。木から木へ移るのに距離が大きい場合、猿はまず数匹で互いの腕や尾をつかんで身体を支え合い、いわば橋となって他の猿たちを渡す。

これだ。俄《にわ》かに閃《ひらめ》く。

こうして橋脚《きようきやく》無しの、刎《は》ね木を重ねた新工法による猿橋が誕生した由。

ここでは百済人と猿がキーポイントだ。なぜなら朝鮮半島には猿がいない。渡来人はおそらく生まれて初めて猿を見ただろうし、その生態は驚きに満ちていたに違いない。日本人ならさして珍しくない猿の木渡りが、百済人に架橋のヒントを与えたのはそういう理由だった。あるいは、そう思われたからこそ伝説となった。

そもそも現代でさえ、先進国で猿が身近に棲息《せいそく》しているのは日本だけ、と言われる。この利口な動物がいかに我々に馴染《なじ》み深いかは、多くの昔話が証《あか》している。だが他の、とりわけヨーロッパ先進国にとって、猿は未開のアフリカと結びつき、一般には悪徳や狡《ずる》さといった否定的イメージで捉《とら》えられている（だからこそダーウィンの進化論は、彼《か》の地で激しい抵抗にあい、日本では容易に受け入れられたのだ）。

閑話休題。

猿橋は江戸時代に「三大奇橋」に数えられた、いわば猿のおかげでできた橋。猿の仕《し》草《ぐさ》は猿真似と呼ばれて笑われるが、猿に言わせれば、これは人間が猿を真似て造ったのだから「人橋」と呼ぶべき？

驚

人間、渡るべからず

松本清張作『けものみち』の冒頭、タイトルの暗示性に触れて曰《いわ》く、「カモシカやイノシシなどの通行で山中につけられた小径《こみち》のことを言う。山を歩く者が道と錯覚することがある」。人の道と見誤り、けものみちに踏み迷った人間の悲劇が、こうして展開されてゆく……。

現実は、だが小説とは逆の例のほうが多い。山を貫いて建設した自動車道で、どれほど多くの動物たちが轢《ひ》き殺されていることか。けものみちを失った彼らは、車の走行に怯《おび》えながら人の道を通るしかない。

この事態に、近年は対処法が考えられている。カナダの国立公園が有名だが、ここでは野生動物保護のため、「道」ならぬ「橋」がいくつか造られている。自動車道の上に架けられた「けもの橋」で、単なるコンクリート製ではなく、なるべく自然に即し、土が敷かれ、藪《やぶ》などが植えられている。これで夜の事故はかなり減ったという。

さて、では蟹《かに》はどうか？　野生動物ばかりではなく、蟹だって、「人間、渡るべからず橋」が欲しいのではあるまいか？

何を突飛《とっぴ》なことを言っているのだと笑われそうだが、世界は広い。実際に蟹の専用橋が存在しているのだから驚きだ。

もちろん蟹が造ったのでも、自然に出来たのでもない。蟹だけが渡れるよう、人間が建設した。

いったい何ゆえに？

場所はインド洋にあるオーストラリア領、クリスマス島。インドネシアに近く、人口はわずか千五百人ほど。この島の固有種クリスマスアカガニという、名前のとおり派手な赤さの大型蟹が主人公だ。

たいていの蟹は美味だが、こやつは全然そうではなくて、人間も他の生物も食す気にならず、ほとんど天敵がいないため、爆発的に増えていったらしい。現在、概算で一億匹ないし一億二千万匹もいるというのだから恐れ入る。先述したように、人間さまはたった千五百人なのに。

このアカガニは地上性で、ふだんは内陸の森林に巣穴を作って単独で棲《す》んでいる。ところが一年に一度の繁殖期になると、産卵のため海辺へと大行進する。雄が砂浜に穴を掘り、雌がそこでしばらく抱卵し、孵化《ふか》直前に穴から這《は》い出て海へ放出。十一月の、下弦の月の満潮時だという。満月の夜だったら、さぞかし絵になったろうが。

問題は、「かにみち」がどこにも無いこと。狂おしい情熱に駆られ、十キロ以上の距離をものともせず、一週間もかけて海へ海へと——横歩きで——突き進む彼らにとって、そこへ至るまでの幾本もの自動車道は目に入らない。大量の蟹がタイヤの下敷きになるのは必至であろう。生と性を目指しながら、これではまるでレミングの死の行進だ。

島民の難儀は極まった。道路に延々と散らばる轢死《れきし》蟹の悪臭もひどい。堅い甲羅とハサミでタイヤがパンクすることもあるし、スリップ事故も起きる。そこで幹線道路に架けたのが、「カニ橋」という次第。

蟹のＩＱはいざ知らず、猪突《ちよとつ》猛進の彼らに橋を渡らせるのは一筋縄ではゆかない。そのため道路の側部に低い壁（万里の長城、カニ版？）を設け、橋へと誘導するようにした。抜け道を見つけて道路へ出てゆく蟹もいるが、たいていはおとなしく橋を渡り、無事に海へと到着する。

橋は大混雑時には蟹どうしで折り重なり、てんこ盛り状態となって落下するものまで出る。蟹に橋を渡っているという認識があるかどうかは謎だが、壮観の一語。

今や赤い蟹の進軍はクリスマス島最大の呼び物となっている。これが蟹ではなくドブネズミやゴキブリだったら恐ろしい光景だし、そもそも絶対に橋など架けませんね！

水面下の橋

＊口絵　3
＊地図　⑨

改めて「橋」とは何か？

『新明解百科語辞典』には、こうある――「通行のために、川や湖・海峡・谷・道路・鉄道などの上を越え、両側を結んでかけわたした構築物」。また土木用語では「道路・鉄道・水路などが障害物などの上空を通過するための架空構造物の総称」。

つまり何かの「上」に架かっているのが橋という、これは一般的なイメージであろう。

また『新国語辞典』などのように、「川・谷・海峡などにかけ渡して通り道とするもの」と、「上」という語がでてこない場合でも、「かけ渡す」の項に「一つの端から他の端へまたがらせる」と説明され、さらに「またぐ」の項に「物の上を越える」とあるから、やはり橋は空中にあり、「見上げるもの」との認識だ。

なぜそんなことにこだわるかといえば、上ではなく下に架けるという驚くべき発想の橋が近年造られたからだ。

下を通るならトンネルだろうって？

いや、いや。トンネルというのは「地中をくりぬいて」通路にした構造物なので、当然その上には自然の、あるいは人工の覆いがなければならない。ところがこの不思議な橋の上にあるのは、ただ空ばかり。


オランダ西部の小さな町ハルステン。ここにはスペイン・ハプスブルク家の圧政に抗するため十七世紀に築かれたルーバル要塞の跡地があり、例のごとく濠《ほり》がめぐらされている。

この濠はもともと敵に船で襲撃されないよう、ごく浅い造りになっていた。当時は跳《は》ね橋などが架けられていただろうが、すでに落ち、二〇一一年に新橋が完成した。それがサンクン橋、おそらく今のところ世界で唯一と思われる、濠床に架けられた橋だ。日本語訳なら「沈む橋」ないし「水底《みなそこ》の橋」！

遠目にはまず、橋と気づく者はいまい。上端部分が水面ぎりぎりのところにあって、橋幅も人が二人ようやくすれ違える程度の狭さである。もし大人が渡るのを横から見たら、腰の背ほどの深さの濠を立ち泳ぎしている、ないし水をかきわけて歩いている、と錯覚するだろう。小さな子の場合……これはぎょっとするかもしれない。首だけが、水面をすうっと滑《すべ》るように見えるから。

サンクン橋は土手に掘られた階段を下り、濠の底に建造された橋をまっすぐ通って、向こう側の要塞への土手を上がってゆく。いわば陸橋を上下逆さにした形だ。濠の動かぬ水だから可能で、流れる川ならさすがに無理。

水量が一定の濠とはいえ、雨などで水嵩《みずかさ》が増《ま》し、水没する危険は常にある。どうしたかといえば、強力な排水設備によって解決済みだという（凄《すご》い！）。また木橋なので常時水に浸《つ》かっていると腐食が早いのではとの懸念《けねん》も、菌の繁殖を防ぐ独自加工を開発し、長期の使用に耐えられるようになったらしい。

それにしても、こんな奇妙でややこしい橋より、ふつうに上に架けたほうが技術的にはよほど簡単だし、費用も安上がりだったろう。周囲の景観を損なわない配慮が求められたというが、それとて他に工夫のなかったはずはない。

要塞地区復元プロジェクトにおいて、この変わり種の橋が採用された最大の理由は、したがって「面白いから」だったのではないか。

見た目も面白いし、渡るだけですでに面白い。もしかしたら水が入り込むかもしれない、というちょっぴりのスリルもろとも楽しめる。わくわくする。こんな橋があったらという、まさにそんな橋なのだ。国土の四分の一が海抜ゼロメートル以下という低地の国オランダの、何世紀にもわたる水との戦いの歴史が生み出した突飛《とっぴ》なアイディアともいえる。

ホモ・サピエンス（＝知性人）たる我々ヒトは、ホモ・ルーデンス（＝遊戯人）でもある、との論を展開した高名な歴史学者ヨハン・ホイジンガもオランダ人だった。彼の説によれば、遊びこそが人間活動の本質であり、文化を創造する源だというが、全くそのとおり。

水の「上」に架けるというそれまでの思い込みを覆《くつがえ》し、誰も見たことのない橋を生み出すその思考過程には、楽しい遊びの精神が息づいている。そしてそれをきちんと評価した側もすばらしいではないか。

サンクン橋を設計した建築事務所ＲＯ＆ＡＤは、オランダの建築家たちが選ぶ建築賞を受賞している。

暗殺者の橋

＊口絵　4
＊地図　⑩

ボスニア・ヘルツェゴビナの首都サラエボには、水量のさして多くないミリャツカ川が流れ、ラテン橋というアーチ型の石橋が架かっている。地味な佇《たたず》まいだが、世界史上有名な「サラエボ事件」は、この古い橋のたもとで起こった。

一九一四年六月二十八日、日曜日、抜けるような青空のもと、サラエボの街はハプスブルク家の皇位継承者フェルディナント歓迎式典のため、多くの人出で賑《にぎ》わっていた。

もちろん歓迎する者ばかりではない。当時オーストリア＝ハンガリー二重帝国の領土だったこの一帯には、反オーストリア感情が鬱積《うっせき》しており、陸軍総監に着任したフェルディナントは好戦派とみなされ（実際にはバルカン半島進出に消極的だったらしいのに）ひどく憎まれていた。暗殺計画があるからサラエボ行きはやめたほうがいい、と進言する側近もいた。

それでも彼は行き、市内をオープンカーでパレードした。

なぜだろう？

切ない夫婦愛が浮かびあがってくる。この日はちょうど結婚十四年目の記念日で、フェルディナントは愛妻ゾフィと隣りあって座り、沿道に手を振りたかったのだ。自国内でそれは許されなかったから。

ゾフィはボヘミアの小貴族の出だった。ある大公家の女官をしていて、フェルディナントと熱烈な恋に落ちた。未来のハプスブルク家当主と、一介の女官――あまりに身分違いだとして、伯父の皇帝フランツ・ヨーゼフから大反対されるが、フェルディナントは何年もかけて愛を貫いた。やむなく譲歩した皇帝だが、条件をつけるのを忘れなかった、ゾフィを皇族とは認めないし、生まれてくる子に皇位継承権は無いものとする、と。

全てを呑んでふたりは結ばれる。三人の子宝に恵まれ、家庭は幸せそのものだった。しかし「貴賤《きせん》結婚」に対する風当たりは凄《すさ》まじい。ゾフィは公式行事で夫の隣に座るのを禁じられたばかりか、常に全皇族の末席に据《す》えられ、宮廷人からの陰湿な苛《いじ》めは執拗《しつよう》に続いた。あまりの仕打ちに、フェルディナントが皇帝に喰ってかかることも再々だった。

まるで日陰者扱いの妻を、晴れの場へ連れ出したい。それがフェルディナントの積年の夢であり、今回のようにオーストリア外の軍トップとしてなら、彼女を隣席につけることは可能だ。そのチャンスを逃したくない、ゾフィを喜ばせたい、それがサラエボ市内パレードとなった。

だがそれはまた、急進的民族主義者たちにとってもチャンスだった。夫妻を乗せた車がミリャツカ川に沿って走り、ラテン橋のところで速度を落として右折したとき、セルビア人学生プリンツィプがブローニング銃を持って走りより、ステップに足を駆けるや、中に向かって乱射した。

ゾフィは即死だった。フェルディナントは血まみれになりながらも彼女をかき抱き、「ゾフィ、死ぬな、子どもたちのために」と言ったという。そしてまもなくこと切れた。愛し合うふたりは、死をも共にするよう運命づけられていたのかもしれない。

生前フェルディナントは、妻と切り離され自分ひとりハプスブルク家霊廟《れいびょう》に入れられるのは嫌だと、夫婦いっしょの墓を別に用意していた。しかしハプスブルクの自尊、恐るべし。ふたりの合同葬儀こそしぶしぶ認めたものの、ゾフィの棺はフェルディナントのそれよりずっと低い場所に置かれたし、遺児たちは最後までハプスブルク家の一員と認められなかった。皮肉にも、そこまでして高貴な血にこだわった王朝は、事実上フランツ・ヨーゼフの代で終焉《しゅうえん》する（拙著『ハプスブルク家12の物語』〈光文社新書〉をお読みください）。

さて、暗殺者プリンツィプ。

この時まだ十九歳だったおかげで死刑を免《まぬが》れ、刑務所送りとなる。フェルディナントこそ狙《ねら》ったが、ゾフィを殺すつもりはなかったのに興奮しきっての結果だという。自分の撃った弾が、後に「第一次世界大戦」と呼ばれる未曾有《みぞう》の大戦争の、まさに引き金となったことはあるていど承知していたろう。けれどその戦争がどんな形で収束《しゅうそく》するかは知らぬまま、結核により二十三歳で獄中死した。

彼の名は、一時、橋に残された。ユーゴスラビア時代、ラテン橋はプリンツィプ橋と呼ばれたのだ。周知のとおり、この共産主義国家は崩壊し、それとともに橋は再びラテン橋の名を取りもどした。

味噌買い橋

＊地図 ⑪

橋は、「運命の逆転」に遭遇《そうぐう》する場でもある。日本昔話の『味噌《みそ》買い橋』が、そのことを語ってくれる。

——乗鞍岳《のりくらだけ》の沢上《さわかみ》に、長吉という貧しい炭焼きが住んでいた。ある夜、夢枕に老人が立ち、「飛驒《ひだ》高山の味噌買い橋に行けば、耳寄りな話が聞ける」と告げられる。さっそく高山まで出かけ、味噌買い橋の上で行き交《か》う人々に話しかけたが、何日たってもこれという良い話などなく、すっかり落胆してしまう。

こうした長吉の様子を、橋のたもとの味噌屋の主人が不審に思い、何をしているのかと訊《たず》ねた。そこで長吉が正直に話すと、味噌屋は笑って、「つまらない夢など信じないで、早く家へ帰るがいい。わたしも夢で老人に、『沢上の長吉という男の家の庭に杉の木があるから根元を掘ってみよ、宝が埋まっている』と言われたが、わざわざ行くほど愚かではない」。

びっくりした長吉は我が家へ飛んで帰り、杉の根元を掘ってみる。するとお告げどおり、宝がざくざく出てきたではないか。以来、彼は福徳長者《ちょうじゃ》と呼ばれ、豊かに暮らしたという。

まるでミステリ小説のような、意外な展開である。

思いがけずころがりこんだチャンスを、しかと見極められる者と、そうでない者。長吉と味噌屋は、ふたりながら同等のチャンスを与えられていた。主人公は容易に逆転しえたのだ。なのに前者は幸運をしっかり摑《つか》んで貧しい境遇から富豪の身となり、後者は運を逃したことにすら気づかぬまま、元の場にとどまる。

味噌屋はせっかく夢をみたのに、何も考えず、何も行動しなかった。とはいえ、橋の上の妙なそぶりの男には気づいた。この時点ではまだ遅くはなかったのだ、男に「どこから来たのか、名は何というのか」と聞きさえすれば。そうすれば、福徳長者と呼ばれるようになったのは味噌屋のほうだったろう。

さまざまな人間が通行し、必然的に大量の情報が交換される橋。まさに現代のインターネットの役割にも似た橋。貴重な情報を正しくキャッチできない者は、運命を切り拓《ひら》くことはできない。

そしてまた、目に見える世界と見えない世界を結ぶ橋。見ようとしない者は、ついに最後まで何も見えない。運命の転換を果たせないのだ。

この昔話は、だが日本古来のものではない。グリムの『ドイツ伝説集』に「橋の上の宝の夢」という、ほとんど同じ言い伝えが収録されている。レーゲンスブルクの橋へ行くと金持ちになれる、との夢をみた男が……云々《うんぬん》。

ドイツばかりか、ヨーロッパ各地のそれぞれの橋と結びついた類似《るいじ》譚《たん》が、数多く伝わっており、最新の研究では、イギリス経由で日本へ入ったのではないかと推測されている。

ではもともとのルーツはどこか?

どうやら説話集『千夜一夜物語』(成立九世紀ころ)らしい。ただ、ここには肝心の橋が出てこない。

——カイロに住む男がくり返し同じ夢をみた。ペルシャのイスファーハンへ行き、そこのイスラム寺院へ行けば宝が待っている、というお告げだった。男は遠路、苦労に苦労を重ね、ようやくその寺院に辿《たど》りついて夜を過ごす。だが寺院は盗賊の巣となっていたため、彼も盗《ぬす》っ人《と》仲間と誤解され逮捕されてしまう。

無実を訴えても殴られ蹴られ、とうとう裁判官の前へ引き立てられた男は、寺院に泊まった理由を詳しく語った。すると裁判官が大笑いし、「そんな夢ならわたしもみた。カイロのさる家の庭に、池と日時計と古いイチジクの木があって、その木の下に宝が埋まっているのだそうだ。これっぱかしも信じないがな。おまえももう二度と夢になど騙《だま》されるな。故郷へ帰れ」。

男は礼を述べ、家路を急いだ。もちろんその庭は男の庭であり、イチジクの木の下にはほんとうに宝が埋まっていた。

なぜ橋が出てこないのだろう？　いや、逆だ。ヨーロッパへ伝播《でんぱ》した際、なぜ橋に変えられたのか？

おそらく砂漠の国ペルシャと比べ、ヨーロッパには橋の数がはるかに多いからだろう。しかも橋というものが——教会や寺院と同じく——ある種の神聖さを帯びているからに違いない。

金門橋

*口絵　5
*地図　⑫

霧の町サンフランシスコの観光名所として名高いゴールデン・ゲート・ブリッジ（＝金門橋）は、その名前とは違って金色ではなく、濃いオレンジ色に塗られている。鮮やかなこの色は、晴れた日の青い空、青い海に映え、また明け方や夕暮れ時には神秘的に輝き、雨に緋《ひ》と変じ、霧のたなびく隙間《すきま》からは強烈な存在感を主張する。人は、せめて絶景の地で死にたいと願うのだろうか？

このアール・デコ調の長い吊り橋には、のんきな見物客ばかりか、屈託《くったく》を抱えた自殺志願者もおおぜいやって来る。何と一九三七年の開通以来、すでに千三百人以上の投身死が確認されており、未遂や行方不明者を含めると、その数はさらに増えるだろう。

あまりのことに、安全バリア設置案が幾度となく浮上したが、コストの問題や、それ以上に、今の景観を損《そこ》ねたくないとの多数意見から、実現には至っていない。その代わり、橋の各所に「飛び込んだら助からない。希望を持て。カウンセラーに電話せよ」といった表示が置かれている。

二〇〇六年、このゴールデン・ゲート・ブリッジそのものを主役に据《す》えたドキュメンタリー映画『ブリッジ』（エリック・スティール監督）が公開され、大論争を巻き起こした。キリスト教徒にとっては最大のタブー、自殺を真正面から捉えており、ある意味、自殺を見世物にしたと批判されてもやむを得ないような描写があるからだ。

制作スタッフは、橋の全景が見渡せる遠くの川岸に極秘で丸一年、望遠カメラを固定し、自殺者を撮影した。二十四人の人間が飛び降り、身元のわかった者に対して、遺族や友人知人へのインタビューをおこなっている。決して彼らを見殺しにしたわけではなく、手すりに足をかけた段階で警察に通報するとのルールを決めていたというが、間に合わなかった例がそのまま映される。

男がいる、女がいる、若者、中年、老人……たいていは橋の歩道を何度も何度も往復し、自らの心に深く問いかけ、逡巡《しゅんじゅん》するのが傍目《はため》にもわかる。しかし中には、どう見ても単なる散歩者にしか思えなかったのに、あっという間に鉄柵を越え、まるで気軽にひょいとあの世へ渡るように落下してゆく者もいる。

柵に身を乗り出したからと、おおぜいに取り押さえられる者もいる。警官がばらばらと走りよってきて、犯罪者を扱うように後ろ手に手錠をかけ、パトカーに押し込めるシーンなどは、日本人からすると驚愕《きょうがく》としか言いようがない。

劇場型の自殺者もいる。若い女性たちのそばで、いきなり欄干にすっくと立ち、黒い上着を翻《ひるがえ》して、後ろ向きで落ちてゆく。彼は間違いなく効果を狙《ねら》ったのだ。そして狙ったとおりの効果を上げていた。落下したというよりは、世界がそのときだけぐるりと反転し、赤い橋から一羽の黒鳥が青空めざして飛び去ったかのように、それは――何ということだろう――切ないほど美しかった！

ひとつの命が失われたというのに、そんなふうにドラマティックに撮影していいのかと糾弾《きゅうだん》されるのは当然だ。ではしかしロバート・キャパによる、スペイン内戦のあの有名な写真「崩れ落ちる兵士」は？

芸術表現の美と毒については、ほんとうに悩ましいとしか言いようがない。

ただこの映画には、生命力の不思議、言い換えれば「自殺の諫《いさ》め」ともいえるシーンが含まれている。一命をとりとめた若者が、その「時」をふりかえって語っているのだ。

七十メートルもの高みである。最終落下速度は時速一二〇キロになり、コンクリートに激突するのと変わらない衝撃度だから、助かったのは奇跡としか呼びようがない。彼は言う、「飛び降りた瞬間、死にたくない、と思った」と。

凄《すさ》まじい速度で落下しながら、この青年は、足から落ちれば助かるかもしれないと必死で体勢を立て直し、どうにか両足から水へ突っ込んだ。分厚いブーツを履《は》いていたのも幸いした。無我夢中で泳ぎ、光を頼りに海面へ出た。

周りをアザラシたちが、陸地へ導くように泳いでいたという。「神はいると思った」――。

ブルックリン橋

＊地図⑬

マンハッタン島とブルックリン地区を結び、イースト川に架かるブルックリン橋は、ニューヨークのシンボル的存在。ネオゴシック様式の石塔と、まるでハープの弦のように立ち並ぶワイヤーが（夜間は点灯されて美しい）特徴だ。この橋はまた、スティール製ワイヤーを使用した世界初の吊り橋でもある。

だが何よりブルックリン橋のイメージには、二代にわたる設計者の悲運がまとわりつき、一種独特の魅力を放っている。

橋の設計者ジョン・ローブリングはドイツ系移民で、いくつもの木橋や吊り橋式水道橋建設の成功を経て、ブルックリン橋に携《たずさ》わることになった。設計図を完成させた一八六九年は、まだフランスから「自由の女神像」も到着しておらず、マンハッタンのビル群も今ほど高くはなかったから、橋はニューヨーク一、即ちアメリカ一の高層建築となるはずだった。

いよいよ建設に取りかかるという数日前、六十三歳のジョンはイースト川の桟橋に立ち、考え事をしていた。未来の橋の幻影を見ていたのかもしれない。そこへフェリーが接岸し、彼の脚に――ちょっと信じがたい事故だが――ぶつかった。

それほど大した怪我《けが》ではない、最初は誰もがそう思った。本人が一番そう思ったので、病院できちんとした治療を受けようとせず、頑固に民間療法の水治療（傷口を水で洗い流すだけ）を続けた。そして三週間後、傷口から入った黴菌《ばいきん》がもとで壊疽《えそ》をおこし、命を落とす。

作家ポール・オースターはこれを、「みんなが濡れないように、水の上に橋を造ることに一生を捧げた人が、よりによって体を水に浸《ひた》すことこそ唯一正しい治療だと思い込むなんて」と書いている（『幽霊たち』〈柴田元幸訳〉）。

父親の片腕として働いていた長男ワシントン・ローブリングが、三十二歳の若さであとを継ぎ、設計図に改良を加えつつ精力的に橋の建設に邁進《まいしん》する。才能は父を凌《しの》ぐと言われた。ところが翌一八七〇年、工事現場で火事が起こり、ワシントンは川底に設置されたケーソン（地下構造物を建てるためのコンクリート製大型箱）に閉じ込められてしまう。

当時はケーソン病（潜水病、潜函《せんかん》病、減圧病などとも呼ばれる）に関する知識が充分でなかったため、急浮上による救出がおこなわれた。つまり高圧空気の環境下からいきなり常圧にもどされたのだからたまらない。血管内に窒素の気泡《きほう》が発生し、ワシントンは激痛に呻《うめ》く。命こそ助かったものの、以後、下半身不随の身となる。ちなみにこの数年後にも、同じアメリカのセントルイスでイーズ橋建設中、作業員にケーソン病が多発し、死者十五人、深刻な後遺症の残った者七十九人という惨事が記録されている。

ワシントンはもはや、橋梁《きょうりょう》建設現場に立つことはできなくなった。だが父の無念を思えば、二代にわたる挫折だけは避けたい。彼は橋の傍のブルックリン・ハイツ最上階に住み、そこから毎日、望遠鏡で工事の進捗《しんちょく》を見て、指示を出すようになる。とはいえ完成までには長い年月がかかる。いつまでこのやり方で周囲を納得させられよう。

ここからが凄《すご》いのだ。

彼には六歳下の妻がいた。彼女エミリーは亡き舅《しゅうと》の、そして夫の執念を引き継ぐ。エブルックリン橋は、最初から最後までローブリング家の作品でなければならない。

ミリーは独学で数学と橋梁学を身につけ、夫の説明や指示を完璧に自分のものとし、女ながら現場へ足しげく通って監督し、工事を継続させてゆく。

まだ女性の社会進出が阻《はば》まれていた十九世紀である。まして土木の分野は女人《にょにん》禁制も同じで、労働者たちの気も荒い。そんな彼らに有無《うむ》を言わせず、また技術者たちに対しても説得力を維持したエミリーの女傑ぶりこそ、あっぱれではないか。肖像画が残されているが、広い額の、凜《りん》とした女性だ。

こうして十三年。ワシントンが直接指揮した一年分を加え、十四年後の一八八三年、ブルックリン橋は堂々完成する。それは父ジョンが桟橋から見た幻の橋と同じだっただろうか、それともはるかに凌駕《りょうが》していたか。息子ワシントンは、自らの足で橋を渡ることこそできなかったが、橋を我が手で建てたとの自負は持てた。もちろんエミリーもまた。

エッシャーの世界のような

*口絵 6
*地図 ⑭

これは何ともシュールな光景だ。豊かな田園地帯で、二本の川が直角に交叉《こうさ》している。いったい現実のものなのだろうか、だまし絵を得意としたエッシャーの世界をCG化したのではないか、あるいはSF映画の一シーンではあるまいか、そう疑いたくなるほどだ。

実をいうと、上を通っているのは川ではなく、橋。

橋?

でもその橋には水が満々とたたえられ、大型船が航行している。橋が川で、川が橋で……どうもまだ日本人には納得しがたい。川に架かる「川の橋」。この不思議な橋を渡ってみたい。きっと誰もがそう思うだろう。

ここはかつての東ドイツ、古都マクデブルク近郊。下を流れる本物の河川はエルベ川で、上に架かっているのがマクデブルク水路橋。橋の両側は歩道になっているので、すぐ横を航行する船も、眼下を遠ざかってゆく船も、両方眺めながら散策できる。

エルベ川はポーランドとチェコの国境を源に、ドイツ東部を北へと進んでハンブルクで北海に注ぎ込む。マクデブルクは昔から水上交通の要所だったから、重要な交通網として運河建設も盛んだった。そして運河と運河を結ぶための水路橋も構想された。なぜというに、マクデブルク橋ができる以前、ミッテルラント運河を進んできた船は、いったんエルベ川に入ってしばらく下り、それからカーブして今度はエルベ・ハーフェル運河に入って、先を進まねばならなかった。それだけではない。乾季ともなればエルベ川の水位は下がり、大型船が通れないこともしばしばだった。航行距離短縮と、スムーズな運送の必要性が求められた所以《ゆえん》である。

こうしてエルベ川をまたぎ、運河間をつなぐ「川の橋」建設計画が実現に向けて動きだした。一九一九年のことだ。

ドイツ人の優れた技術力ならさほど年月を要せず着工できるかと思われたが、まもなく第二次世界大戦が勃発《ぼっぱつ》し、終戦後は国土分断という悲劇にみまわれる。マクデブルクは共産主義国家に組み入れられ、厳しい経済事情のため水路橋計画は永久凍結《とうけつ》された。

それからおよそ八十年。統一ドイツにおいて、再びこの大型プロジェクトが浮上する。首都ベルリンとルール工業地帯の物資輸送のため、ぜひとも橋が必要だ！　今度は早かった。一九九七年に着工、六年後の二〇〇三年に完成。

見てのとおり、技術大国ドイツを知らしめる出来栄《できば》えである。船が航行できる水路橋としては世界最長の二二八メートル、地上部分も含めれば九一八メートルだ。自然の川にも見えようというもの。幅も広く、エルベ川真上部分で一〇六メートル（ちなみに東京の日本橋は二十七メートル）。

建造にあたっての難問は、二つの運河の高低差が十八メートルもあったことで、それはリフト設置により解決された。上空からの俯瞰《ふかん》ではわかりにくいが、水路橋の先の閘門《こうもん》のところで船はエレベーターのように降下する仕組みとなっている。

水路橋を含むこの新運河は、このままライン川まで延長してはどうかとの意見も出ている。ただ、今のところ環境問題などで賛否両論らしい。

中世から運河や水道橋建設が盛んだったヨーロッパでは、高架の水路橋もかなり見られる。それでも規模の点でマクデブルク水路橋は圧倒的だ。流通による経済効果ばかりでなく、観光スポットとして人気を集めるのもうなずけよう。

さて、日本だが、そもそも水路橋自体が極端に少なく、船は橋の下を通るという思い込みが強固なので、橋を水が流れる「川の橋」という発想そのものに驚愕《きょうがく》してしまう。

しかし橋がこちらからあちらへ渡るために造られるものであれば、渡るのは人間だけとは限らない。自動車や鉄道専用の橋がすでに存在しているのと同じく、船を渡す橋があって何ら不思議はないのだ。

ただそうなると、哀切なあの恋の詩——ミラボー橋の下をセーヌ川が流れ、我らの恋も流れる——すら反転し、エルベ川の「上」を船がすべりゆき、我らの恋もすべりゆく……というような新しい詩ができたとしても、おかしくはない？

火星人襲来

一九三七年、フランクフルト発の飛行船ヒンデンブルク号が、合衆国ニュージャージー州の飛行場へ着陸寸前という、その時も時、歓迎する大人数の目の前で突然爆発炎上した。

この惨劇はラジオで逐一実況中継される（まだテレビの無い時代だ）。アナウンサーははじめ巨大飛行船の雄姿《ゆうし》に感嘆し、火を噴《ふ》くと悲鳴を上げ、最後はすすり泣きながら伝えたのだった。

その記憶も新しい翌三八年。同じニュージャージー州で、またも事件。ちょうど夕食を終え、家族で団欒《だんらん》を楽しもうとラジオのダイヤルを回した聴取者の耳に、軽快なダンス音楽「ラ・クンパルシータ」が聞こえてきた。しかしそれはアナウンサーの声でふいに中断される。気象台が天体の異常を観測したという。音楽は再開と中断をくり返す。プリンストン郊外の村に隕石《いんせき》が落下したらしい。

　次いで現場からの実況が始まる。アナウンサーの興奮した声は――まさにヒンデンブルク事件を彷彿《ほうふつ》とさせた――落下したのが隕石ではなく、火星からの宇宙船だと伝える。

「大変です！　中から大きな土蜘蛛《つちぐも》のようなものがぞろぞろ出てきました」

「なめし革のような不気味な光沢」

「V字形の口から油のような涎《よだれ》」

「光線みたいなものを発射。火炎です」

「警官が燃えている」

「うっ、やられた！」

　爆音が轟《とどろ》き、放送は途切れる。アナウンサーも殺されたようだ。しばらくして今度は別のアナウンサーが、別の中継地点から経過を知らせてきた。そのアナウンサーも殺され、また次のアナウンサー。クライマックスに次ぐクライマックス。火星人たちは火を噴き毒ガスを流し、人間を殺戮《さつりく》し、目の前の建物を破壊しつつ隣のニューヨークへ進撃する。六年前に建設されたばかりの長大な鉄橋プラスキー・スカイウェイまで落とした。

「我々の武装は役にたちません」

「く、苦しい、毒ガスが……」

——もちろん全てフィクションである。ラジオは何度か「これはH・G・ウェルズ作『宇宙戦争』のドラマ化です」と流している。しかしあまりにリアルで、ほんとうのニュースにしか聞こえない。またそう聞こえるように作り込んであった。

情報伝達手段の少ない時代だし、国際情勢も不穏《ふおん》、SFの黄金期にさしかかっていて、UFO目撃談が新聞にも載っていた。放送を聞いてパニックになる人は少なくなかった。警察へは電話が殺到し、場所によっては自警団まで組織され、車で町から逃げ出す人もいた。

ドラマをプロデュースしたのはオーソン・ウェルズ。後に『市民ケーン』を監督してハリウッドを代表する映画人となるが、当時はまだ若く無名。この騒動で裁判にかけられたものの無罪となり、一躍《いちやく》名を上げる。まさに一人勝ちだ。

放送へのリアクションについては、言われるほどの大騒動でもなかったらしいが、それにしてもマスコミの威力、デマゴーグと集団心理の恐ろしさが身に染《し》みる例として、現代でもよく取り上げられる事件なので、ご存じの方も多かろう。

さて、火星人に壊されたはずのプラスキー・スカイウェイは、トラス構造の鉄橋であり、かつ空中道路。全長五・六キロ、川面から四十一メートルの高さにあり、三〇年代においてはランドマーク的存在だった。ゴジラにへし折られた東京タワーのようなインパクトかもしれない。

地球外生物による攻撃こそなかったが、橋は「時の翁《おきな》」からダメージを受け続ける（人間と同じように）。今や八十歳を超え、あちこち傷《いた》みが出てきて渡ると危険ということで、二〇一四年から大がかりな改修工事中だったが、現在すでに再開通。

恋人たちの橋

＊地図 ⑮

後に「大帝」と呼ばれることになるローマ帝国のコンスタンティヌス一世は、父帝の死後、強力なライバル、マクセンティウスを蹴落《け》とさねばならなかった。戦いの前、こんな幻をみたという――

空に神秘の光と十字の印（十字架）があらわれ、「汝《なんじ》、これにて勝たん」と声がした。

この不思議な体験に感じ入ったコンスタンティヌスは、軍旗をそれまでの鷲《わし》から十字架に替え、決戦に挑《いど》む。

敵のマクセンティウス軍のほうが戦力的に優《まさ》っており、籠城《ろうじょう》に十分な食料も備えていたにもかかわらず、なぜか――これこそが神の思《おぼ》し召《め》し？――城壁外へ打って出て、ローマのテヴェレ川に架かる巨大な石橋の上で、コンスタンティヌス軍と激突した。

有名な「ミルウィウスの戦い」である（ラファエロのフレスコ画もよく知られている）。

ここでコンスタンティヌスが勝利したことで、それまで三世紀近く続いたキリスト教徒への迫害に終止符が打たれたばかりか、キリスト教自体がローマ公認の宗教となった。つまりミルウィウス橋（ミルヴィオ橋）における戦いは、その後のヨーロッパ宗教世界を変えたといえる。まさに「変わり目」たる橋で、大きな転換が起こったのだ。紀元三一二年のことであった。

歴史的古戦場跡ミルウィウス橋は、しかしそれ以降、とりたててスポットライトを浴びるでもなく、時折修復されたりしながら、ひっそり同じ場所に架かったままだった。遺跡の宝庫ローマでは、古代石造りアーチ橋といえども、それほど目立つものではなかったのだ。

そうして長い長い歳月が流れた。コンスタンティヌス帝の激戦から何と千七百年近くもたった、二十一世紀はじめ、戦の橋は突如、恋人たちの橋へと転換した！

きっかけはイタリアの人気作家モッチャの恋愛小説『君が欲しい』（邦訳書はまだない）で、後に映画化もされている。主人公のカップルがミルウィウス橋で愛を誓い、橋上の街灯に南京錠《なんきんじょう》を掛け、鍵をテヴェレ川へ投げ込むシーンが、読者の心に火をつけたのだ。

錠と鍵というのはシンボル的に（きわめて明確な）女性性と男性性。錠を掛けてその鍵を捨てる、即《すなわ》ち恋人たちが互いの貞操を誓いあうのに、異なる二つのものを繋《つな》ぐ橋ほどふさわしい場はない。

ローマの恋人たち、近郊の恋人たち、イタリア中の恋人たち、しまいには世界中の恋人たちが、自分らの名前を書いた南京錠を持って集まってきた。いや、たとえ持っていなくても大丈夫。なぜなら橋の上にはさっそく物売りたちも登場し、カラフルで可愛《かわい》らしい南京錠を販売したからだ。

数百組数千組の恋人たちが、こぞって錠をぶら下げたものだから……街灯はぼきりと折れてしまった！

これではならじと、当局は街灯に錠を掛けるのを禁じる。禁じられるとますます思いが募るのは世の常、しかも若い恋人たちは真剣である。小説のカップルみたいにハッピーエンドを迎えたい。というわけで、南京錠は増える一方となる。

ただし街灯にではない。今度は、橋の欄干いたるところにだ。日本の神社で、おみくじや絵馬が鈴なりになっているのをイメージしてもらえばわかりやすい。橋の、とりわけ中央部は南京錠で盛り上がってしまう。景観上もよろしくないし、危険な場合もあるとして定期的に撤去《てっきょ》されたが、されるそばから新たに付けられるので、愛の巡礼地における祈願の錠の数は減る気配もない。

古代ローマ人がこれを見たらどう思うだろう？

インターネットの世の中なので、南京錠はミルウィウス橋に限らず、世界中に広がった。筆者はドイツのケルンで見てびっくりしたことがある。他にフィレンツェ、パリ、ダブリン、バンクーバー、モスクワなどの複数の橋で、同じ現象が起こっているという。韓国にも日本にもある。日本の場合、橋以外の場所も多い（札幌の藻岩山《もいわやま》など）。

面白いことに、だが愛の南京錠の源は、イタリアではないとの説もある。第二次世界大戦前のセルビアで、すでに「愛の橋」があったのだそうだ。ただし成就《じょうじゅ》しなかった恋が発端だというから、ミルウィウス橋のほうが縁起がよろしい。

ツイン・タワーに架けられた橋

もうずいぶん前だが、カナダのナイアガラフォールズ市のホテルの前で、おおぜいの人たちが上を指さし、ざわめいていた。スーパーマンでも飛んでいるかと見上げれば、ビルとビルの間に張ったロープの上を、男が綱渡りしているのだった。

地面より青空に近いような、そんな高度をひょいひょい平気で歩いている（ように見えた）。毎日の決まったパフォーマンスだというから、命綱《いのちづな》をつけているのだろうけれど、それにしても、もし足を踏み外してミノムシみたいにぶら下がった場合、誰がどうやって助けるのだろう。自力でまた上る他ないのではないか。見ているだけで眩暈《めまい》がした。

思えば、あれも橋だった。

ただし特殊な才能の主にしか渡れない、危険な橋。足の幅より狭い橋。長いバランス棒がないと、枯葉みたいに吹き飛ばされてしまう橋。渡ること自体が目的ではなく、見物人から喝采《かっさい》を浴びるための橋。

『マン・オン・ワイヤー』（ジェームズ・マーシュ監督、二〇〇八年製作）というドキュメンタリー映画がある。フィリップ・プティというフランス人曲芸師による、ワイヤー上の橋渡り、これが凄《すご》かった。

フランスの田舎町ヌムールに住むプティは、まだ十代のころ、ニューヨークに世界一高い双子のビルが建設されるのを知った。世界貿易センター内ツイン・タワーがそれで、最頂部五二八メートル、最上階は一一〇階、四一一メートルだという。以来、隣りあうその二つのビルにワイヤーを架け、命綱なしに渡ることがプティの夢となる。

天才肌なのだ。研究、準備、練習、その熱意がいつしか恋人を、友人たちを、嵐のように巻き込んでゆく。名も無い外国の若者が、大都会ニューヨークでゲリラ的にパフォーマンスをやろうというのだから、援助者なしでは不可能だ。綿密な計画がたてられる。

そして六年後の一九七三年。ツイン・タワー完成披露直前に、プティは仲間数人と大西洋を渡る。入館証を偽造してビルに出入りし、こっそり内部の写真を撮《と》り、どこにどういう角度でワイヤーを張れば、風の影響が少なくてすむかなどを検討する。手伝ってくれる現地の人間も見つけた。

こうしていよいよその日が来る。入居前の無人ビルに忍び込むのだから、とうぜん法律違反だ。見つかれば逮捕。パフォーマンスが成功してもやはり逮捕は免《まぬが》れない。失敗したら即死が待つだけ。

結果はすばらしいものだった。当時は今ほどセキュリティが厳しくなかったこともあり、双子ビルのそれぞれに数人ずつ、まんまと不法侵入に成功。夜のうちに無事ワイヤーを渡し終え、夜明けとともにプティの綱渡りがはじまった。それも四十五分もの長い間、ワイヤーを行ったり来たりするという超絶曲芸だった。

下界で人々は騒ぎはじめる。それはきっと、鳥の羽を集めた翼を背に負い、空を翔《か》けたイカロスを見上げたときの、古代ギリシャ人が感じたような驚愕《きょうがく》ではなかったか。イカロスは神と見間違えられたのだ。

警察が一一〇階まで上って来た。しかし彼らでさえ、「こんなことは一生に一度しか見られない」と感動してしまう。いずれにせよ、プティのほうから細い橋をもどり、彼らのもとへ来ない限り、逮捕などできない。プティは自らの力への確信に満ちあふれ、心からパフォーマンスを楽しんだらしい。じゅうぶん満足して逮捕された。

スター誕生である。

実に面白かったのだが、プティはいざ成功し有名人になるや、何の未練もなく恋人も仲間も捨て去って省《かえり》みない。見事なまでの恩知らずぶりを発揮する。

このドキュメンタリーでは、プティを支え、計画成功に心血を注いだ友人たちが、昔を思い出して例外なく感極まって涙するのに、プティのほうはまるで全て独力で成し遂《と》げたかのようなはしゃぎっぷり喋《しゃべ》りっぷりなのが好対照だった。プティはすでに未来を見据えており、かつての仲間はプティに全エネルギーを吸い取られたかのようで、「一将功なりて万骨枯る」とはこのことかと思う。

プティひとりが渡ったワイヤーの橋はもちろんすぐ撤去されたが、ツイン・タワー自体も、あの9・11事件で消滅してしまった。プティはいよいよ伝説となる。

氷雪の橋

＊地図 ⑯

北海道北部、日本海に面する苫前町《とままえ》（留萌《るもい》管内）から東南へ三十キロほど入った内陸の山間、三毛別《さんけべつ》六線沢（現・三渓《さんけい》）には三毛別川が流れ、射止橋《うちどめ》が架かっている。命名の由来は、大正四年（一九一五年）に起きた「三毛別羆《ひぐま》事件」からだ。わずか十五家族の小さな集落（全員、青森から移住した開拓民）を、一頭の巨大な人喰《く》い熊が何度も襲い、七人の死者と三人の重傷者を出した日本史上最大最悪の害獣事件である。

射止橋は、後年、事件現場に新たに建設されたもの。討伐《とうばつ》隊がこのあたりから一斉射撃し、ヒグマに傷を負わせたのだ。ただし殺すことができず、逃げられた。

当時この近くにあった橋は、木製でも鉄製でもなく、氷でできた橋（氷橋《すがばし》）だった。これは開拓期から戦後までの厳寒地でよく見られた、冬季限定の簡易橋。丸太や木材を渡し、エゾマツやトドマツの小枝や葉を敷き詰めて雪で覆い、さらにそこへ川の水をかけ、凍結させて作る。かなり頑丈で、馬橇《ばそり》の通行にも耐えたし、春まで十分もったという。

事件勃発《ぼっぱつ》は十二月初旬、集落の男たちの多くが、年に一度の氷橋造りに精を出している間だった。留守宅の母子が襲われたのだ。家といってもほったて小屋であり、戸は筵《むしろ》をかけてあるだけだ。侵入は容易だ。

冬眠せず、人間の肉の味を覚えたヒグマにとって、一丁の銃とて無いこの集落は恰好の餌場《えさば》といえた。翌日の夜、通夜をしていた同家に再びヒグマはあらわれ、棺《ひつぎ》をひっくり返して遺体を持ち去った。驚愕《きょうがく》した通夜の客は、こけつまろびつ別の家に避難する。

その避難先へ、またもヒグマは現れるのだ。近隣から集まった救援隊が、山を捜索している最中だった。火を燃やしても平気で侵入してきたヒグマは、子どもを含む十人の男女のうち四人（女性一人は身ごもっていた）を喰い殺し、三人に重傷を負わせた。

翌朝、凄《すさ》まじい惨劇跡を目にした人々は、もはやここにはいられないと、隣村へ避難。その夜、ヒグマは餌が消えたことを怒り、八軒の家へ押し入って鶏や保存食の味《み》噌《そ》などをたいらげ、家中めちゃくちゃに荒らして山へもどった。

　さらにその翌日。苫前や羽幌《はぼろ》から集めた大編成の銃撃隊が組織されてきた。ヒグマが他の集落へ移動する前に何としても退治せねばならない。夜は氷橋を迎え撃つ場と決め、待機する。

　夜半、橋の軋《きし》む音と黒い大きな塊《かたまり》が動くのが見え、銃が一斉に火を噴いたのだが、先述したように失敗に終わる（遠すぎたのと、古い銃の半分が不発だった）。翌朝、手負いの凶暴な巨熊を至近距離から急所二カ所を撃って仕留めたのは、クマ撃ち名人として知られた老猟師だった。

　死後の計測によれば、このヒグマは体長二・七メートル、体重三四〇キロ、頭部が図抜けて大きく、岩石のようだったという。解剖すると胃の腑《ふ》からは人間の骨や肉、着物の残骸が出てきた。

　吉村昭のノンフィクション・ノベル『羆嵐《くまあらし》』は、この事件を題材にした傑作だ。一見淡々と、だが随所に文学的意匠を凝《こ》らし、読者を恐怖で金縛りにする。

最初はただの気配、次いで馬の怯《おび》え、雪の上の血痕《けっこん》……いつ出てくるか、いつ出てくるか、震えながらページをめくり、「闇が羆そのものであるような」圧倒的存在の登場にうちのめされる。そして最後に明かされる「羆嵐」の意味！

本作の新潮文庫版には、倉本聰が解説を書いている。曰《いわ》く、「北海道の美しさと凄みはその自然のもつ残酷さに常に裏打ちされている」。

なぜ落ちたか

南アメリカのペルーには、かつて高度な文明を誇るインカ帝国がクスコを首都として栄えたが、一五三三年、スペイン人の侵攻により滅ぼされた。その後スペインの植民地となり、インカ時代の旧跡はほとんど破壊されてしまった（独立は一八二一年）。クスコはアンデス山脈に位置し、標高は三四〇〇メートル。なぜこんな高地に首都を定めたかといえば、このあたりは低緯度地方なので、低地より高原の方が気候的に住みやすかったからだ。

しかし植民地時代を迎え、太平洋に面したリマが海路交通に便利だとして、新たな首都に選ばれる。ヨーロッパから多くの白人が移り住むと、たちまちリマは南米で一番洗練された町と言われ、「太平洋の真珠」の異名を取る。

このリマからクスコへ至る北の街道筋には、峻厳《しゅんげん》なアプリマク渓谷《けいこく》があり、目も眩《くら》む高さに吊《つ》り橋が架かっていた。「インカの吊り橋」と総称される橋のうち、もっとも長い橋だ。インカの伝統技法を使い、柳の枝を編んだ縄で作られている。手摺《てす》りは干した葡萄《ぶどう》の蔓《つる》だ。

名前の無いこの橋にインスピレーションを受け、ソーントン・ワイルダーが小説『サン・ルイス・レイ橋』を書いて、ピュリッツァー賞を受賞した。

物語は――

植民地になって二百年近く経《た》つ、十八世紀前半のペルー。多神教は追いやられ、カトリック一色に染まっても、インカの吊り橋は昔のまま揺れていた。

クスコに近く、国内でもっとも美しいと讃《たた》えられていたのは、サン・ルイス・レイ（＝聖王ルイ）橋。渡った先には小さな泥壁の教会堂があり、橋は聖王ルイに護《まも》られて未来永劫《えいごう》落ちないと言われていた。

馬や馬車、荷運び人などはさすがに通れないので、崖を迂回《うかい》しながら降り、筏《いかだ》で川を渡らねばならない。もちろんその方が安全なのだが、しかし皆、橋を選んだ。その数、毎日数百人。

ある夏の暑い日、主人公たるフランシスコ会の修道僧が山を登ってきて、ふと橋を見下ろした。何の予感もなく、安らかな気持ちで目をやったのだ。その瞬間、橋は真っ二つに裂け、ちょうど渡っていた五人の人間が、手足をばたばたさせてはるか下の急流へ落ちていった。

修道僧は激しく動揺し、なぜ神は、他ならぬあの五人を選んだのか、彼らが世を去らねばならなかったのは神の摂理《せつり》なのか、そうであるならそれを突き止め、伝道の一助にしたい、何としても突き止めねばと思いつめる。

数年かけて修道僧は、五人（皆ヨーロッパからの植民者）のそれまでの人生を詳しく調べ、一冊の書物にまとめた。彼の結論は、善良な者は年若くして天国へ召される、というものだった。

ペルーであっても、スペインの異端審問所の力は及んでいた。裁判官はこの書物を異端の書と認定し、書いた修道僧を悪魔の手先と断定した。修道僧は生きたまま焼かれ、本も火に投じられた。

描写が非常に絵画的なので、青空のもと、アンデスの山に頼りない梯子《はしご》のように架かっている吊り橋を、ヨーロッパのファッションをそのまま持ち込んだ白人五人が、おっかなびっくり渡る様子がくっきりイメージできる。そしてその遠目に美しい光景は、一転、地獄へと変じたのだ。

何世紀も昔から山に暮らし、高所恐怖症には縁のない人々が手作りした橋である。多神教の彼らの土地に一神教をもたらした西洋人は、明日もまた架かっているかどうか心許《こころもと》ない素朴な吊り橋を、キリスト教の聖人に守護されていると無理やり信じることで渡り、落ちたといってショックを受け、神を冒瀆《ぼうとく》したと火炙《ひあぶ》りにする。

すべては人知が及ばぬ運命の手にあったのか……。

火を噴く橋

＊口絵　7
＊地図　⑰

誰もがかつては子どもであり、「遊びをせんとや生まれ」、また「戯《たわむ》れせんとや生まれ」てきたので、何を作るにせよ遊び心の垣間《かいま》見られるものほど好ましい。橋も、また。

ベトナム中部の港湾都市ダナン（仏領インドシナ時代のトゥーラン）にはハン川が流れ、いくつもの橋が架かっている。その一つ、ドラゴン・ブリッジことロン橋は、二〇一三年三月、ダナン解放三十八周年記念日に開通式が行われた。

全長六六六メートル、幅三十七・五メートル、六車線及び広い歩道が設置され、総工費およそ八八〇〇万ドル（現在のレートで約百億円）をかけたこの橋は、完成するやダナンの新名所として人気を博し、国内ばかりか国外からもおおぜいの観光客を集めている。なにしろ遊び心満点の橋なのだ。

どういうことかといえば、橋の中央分離帯を巨大な龍が波打つように走っている。ギネス公認の、世界最長の鋼鉄製ドラゴンだ。あまりの大きさゆえに全貌は遠くの岸からしか見えない。もちろん頭部の迫力も凄《すご》い。ところがその眼は――お茶目《ちゃめ》にも――ハート形なのであった！

　夜は全身がライトアップされる。ふだんもメタリックな黄金色に輝いて派手なのに、さらに一万五千個ものＬＥＤ（発光ダイオード）に照らされ、赤、青、緑とカラフルに変化してゆく様子は壮観だ。とどめに火まで噴く。

　文字どおり、ドラゴンが口から火を噴くのだ。

　週末の決まった時間に交通規制が敷かれ、龍の頭部付近は観客で押すな押すなの大盛況となる。火噴きのアトラクション目当てだ。首のあたりの目立たない場所が操作室になっており、係員がそこに座って火を噴射させる。

　ほんものの火がゴオッと噴き出ると、近くの観客は熱さに驚く。それだけではない。火の後は、なんと噴水のお見舞いとくる。スコールのような突然のシャワーは、毎回どのあたりに飛ぶかわからないので、まともに浴びた人々はびしょ濡《ぬ》れになりながらも歓声を上げ、笑いながら逃げまどい、楽しいひとときはお開きとなる。

　もともと橋というのは大道芸人の稼《かせ》ぎ場でもあったのだから、エンターテインメントにはうってつけといえよう。こんな面白い橋のアイディアもあるのだ。

ドラゴンに対するイメージは、アジアとヨーロッパでずいぶん異なる。キリスト教におけるドラゴンは、「太古のカオス」、あるいは「凶暴な自然」のシンボルなので、最終的には神の御使《みつか》いによって打ち負かされ、地獄に堕《お》ちる定めだ。悪魔的なるものの化身《けしん》であり、吐く火は地獄の炎と結びつけられる。一方、仏教では恵みの雨をもたらす水神《すいじん》でもあり、通常は幸運のシンボルとされる。天空と結びつき、日本でも「昇り龍」といえば縁起の良さの代名詞だ。

ベトナムの場合、ドラゴンは幸運・名誉・権力の象徴であるばかりでなく、もっと特別の地位を占めている。「竜子仙孫」伝説によれば、ベトナム人は龍の子であり仙女の孫、即《すなわ》ちドラゴンと直接血縁関係にあるという。であれば、ロン橋のドラゴンは、彼らにとってどれほど意味深く、親しいものであろうか。

それにしても橋の真ん中に黄金のドラゴンを通すという壮大なアイディアは、国力を付けつつある現在のベトナムだからこそかもしれない。まさに昇り龍の勢いが感じられる。

新国立競技場にも、火を噴く昇り龍をデザインしてみたらどうかしらん……いや、やっぱり二番煎《せん》じじゃだめですね！

スパイ交換の場

＊地図 ⑱

二〇一五年九月二十七日、橋がらみのニュースが世界を驚かせた。ロシアとエストニアそれぞれにスパイ容疑で拘束《こうそく》されていた二人が、交換の形で引き渡されたのだ、国境の川に架かる橋の上で！

まるで冷戦時代のスパイ映画ではないか、今のこの時代になおまだ橋という象徴的な場で諜報員《ちようほう》を交換するなんてと、大いに興味をかきたてられたが、件《くだん》の映像が流れると、さらにまた別の意味で驚かされる。

望遠カメラが、小さな橋の両側に車が到着する様子を捉《とら》える。降りてきた男が二人ずつ、ごく普通の速度で橋を渡りはじめる。スパイとその付き添い（監視人？）だ。短い橋なので、四人はたちまち中央に集まり、最小限の仕草《しぐさ》のみで言葉もほとんど交わさずスパイは入れ替わり、新たな二人一組は何ごとも無かったかのごとく、再び橋の袂《たもと》へ歩を進めて、完了。

知人同士がすれ違ったと何ら変わりない。

娯楽映画のような、顔のアップもドラマティックな音楽もなく、スナイパーの撃つ銃声も轟《とどろ》かない。たまたまこの光景を土手から見ていたとして、いったいどれだけの人が政治的事件と気づくだろう。現実はいつだってこんなふうに、地味な外観を呈するものだ。もちろん彼らの無表情、さりげなさの裏には、大量のアドレナリン分泌《ぶんぴつ》があったに違いないのだが――

第二次世界大戦終結から一九八九年のソ連消滅に至る四十四年間の冷戦時、スパイ交換の場として名を馳《は》せたのは、ドイツのグリーニッケ橋。四十人近いスパイがここで交換されたという。

ハーフェル川に架けられたこの橋の前身は大戦中にソ連の赤軍によって破壊され、四七年に再建された。ところが戦後の混乱でドイツが分断、首都ベルリンも「ベルリンの壁」によって西と東に分けられた時、グリーニッケ橋も運命を共にする。旧東ドイツ領ポツダムと旧西ベルリン郊外を繫《つな》いでいたからだ。以後、一般市民の通行は禁じられる。

橋は半分ずつ両者の所有物となり、真ん中のごく狭い範囲のみが、どちらにも属さない中立域とされた。自由主義諸国、あるいは共産主義諸国にとって重要な任務を担って逮捕されたスパイは、こうした誰のものでもない場だからこそ取り返すことができたのだ。

ここを舞台にしたもっとも有名な事例は、一九六二年の米ソ諜報員の交換だ。当時最先端の偵察機U－2のパイロット、フランシス・パワーズと、コードネーム「マーク」ことソ連のルドルフ・アベル。前者は領空侵犯《しんぱん》の最中に撃墜《げきつい》され、パラシュートで降りたところを捕まり、十年の刑を言い渡されてシベリアで服役中。後者は自称画家としてニューヨークで原子力関係の諜報活動中、五セント硬貨に内蔵したマイクロフィルムが発覚して、やはり逮捕、三十年の刑で服役《ふくえき》していた。

この二人を交換して取り戻すにあたり、米ソの駆け引きはそうとうに熾烈《しれつ》だったらしい。またグリーニッケ橋での実際のやりとりも――たとえ傍目《はため》にはどんなにさりげなく見えていようとも――関係者たちの緊張は息詰まるほどであったろう。

一般にU－2撃墜事件として知られるこのスパイ奪還作戦が、なんとスティーヴン・スピルバーグ監督によって映画化された（『ブリッジ・オブ・スパイ』、主演トム・ハンクス）。日本では二〇一六年一月に公開。

撮影は実際にベルリンで行われ、グリーニッケ橋も登場する。知られざる現代史のエピソードが、スリリングな傑作となってよみがえった。

史

アントワネットは渡れない

＊口絵　8
＊地図　⑲

パリから北東へ約二三〇キロ、ベルギーとの国境に近いヴァレンヌ＝アン＝アルゴンヌは、人口七百人足らず。ひっそりした田舎町で、特にこれといった産業も観光資源もなく、世界史的事件の起こった場所とも思えない。細いエール川が町の中央を流れ、ありふれた小さな橋が架かっている。ヴァレンヌ橋。

この橋は、だがマリー・アントワネットが渡ろうとして渡れなかった無念の橋であり、もし渡っていたら首を刎《は》ねられずにすんだかもしれない、運命の橋だった。

一七八九年に勃発《ぼっぱつ》したフランス革命によって、ルイ十六世一家はヴェルサイユからパリのチュイルリー宮へ移され、革命派の監視下に置かれた。とはいえこの時点では、まだ国民の大多数が王と革命を両立可能と考えており、イギリスのような立憲君主制へのゆるやかな移行も十分あり得た。

ところがルイも妃アントワネットも、王権は神によって授けられたとする王権神授説にこだわり、これまでどおりの絶対君主制を手放すのを拒《こば》む。かくして二年後の一七九一年初夏、王族はパリ脱出を決意。亡命劇が始まった。

この「ヴァレンヌ事件」は惨《みじ》めな失敗に終わったため、革命派の嘲笑《ちょうしょう》を浴び、計画そのものが杜撰《ずさん》だったと言われてきたが、必ずしもそうではない。厳重な警戒網のもと、それぞれ部屋の違う王、王妃、王太子、王女、王妹、養育係の六人を宮殿から、さらにはパリから抜け出させただけでも、逃亡首謀者フェルゼンの優れた手腕がうかがえよう。

さらにこの六人を乗せた大型ベルリン馬車が、派手好きなアントワネットの要望を受け、まるでフロントのむやみに長いキャデラックのごとく人目を惹《ひ》き、だから正体がばれたのだとされてきたが、現実にはどこの宿駅でも疑われていない。富豪貴族なら所有して当然の大型馬車だったのだ。

逃亡に際し、フェルゼンは難所は二つと踏んでいた。ひとつは王宮からの脱出時、もうひとつはルート後半の宿駅シャロンで、ここは革命急進派ジャコバン党の巣窟《そうくつ》だった。そのためシャロンまではいっさい国王軍の護衛はつけず、偽パスポートのロシア貴族を装って長旅を擬《ぎ》す。その代わりシャロンの次の宿駅からは点々と分隊を待機させておき、最終的には数百人の兵士に守られてヴァレンヌ通過のはずだった。

二つの難所はクリアしている。ではいったいなぜ僻村《へきそん》ヴァレンヌ（当時の人口わずか百人）で見破られ、捕えられたのか？　なぜ橋を渡って先へ進むことができなかったのか？

これまた二つの原因があげられる。ひとつはルイ十六世が、最初の宿駅でフェルゼンを切り捨てたこと。アントワネットの恋人であるこのスウェーデン貴族への嫉妬もあったろうが、むしろ外国人の手引きによる逃亡の外聞の悪さを憚《はばか》ったというのが本音らしい。フェルゼンは後にこの時のことを「王は望まなかった」とだけ記しているが、自分がついていれば成功したと思うだけに、「なぜわたしは彼女のために死ななかったのだろう、あの六月二十日に」と幾度も嘆いている（不思議な因縁の糸によって、後年フェルゼンはまさにその日、六月二十日に、ストックホルムで暗殺された）。

もうひとつの原因は、すっかり油断しきった王家が物見遊山気分でのんびり進み、あろうことか森でピクニックにも及ぶなどして、分隊との落ち合い場所に五時間も遅れてしまったこと。臣下はいつまでも待つのが当然と信じていたのだが、兵士たちはとうに地元の農民から怪しまれ、追い払われていた。しかも逃亡に気づいた王宮からの追っ手が、すぐそこまで迫ってきた。彼らが行く先々で王の亡命を触れ回ったことで、すでに通過した大型ベルリン馬車に疑惑が向けられたのだ。

せめてあと一時間なりと早く着いていれば、事情は全く違ったろう。王家は護衛軍に守られ、堂々とヴァレンヌ橋を渡ったはずだ。橋の向こうには、王に忠実な、さらなる大軍が待機していた。

だが真夜中に村に着いたときには、手負いの獣《けもの》さながら疲れはて、一兵卒にすら同行されず無防備で、ジャコバン派の宿駅長ドルーエに先を越されたことにも気づいていなかった。ドルーエは寝ていた村民を叩き起こし、あらかじめヴァレンヌ橋に樽だの手押し車だの家具などを山積みさせ、バリケードを築かせて王の逃げ道を阻んでいた。アントワネットたちは川の手前で馬車から降ろされ、橋を渡るどころか橋を見ることもついになかった（拙著『ヴァレンヌ逃亡』〈文春文庫〉参照）。

歴史に「if…」はないが、それにしても、もしもっと急いでいれば……。

ロンドン橋、落ちた

＊口絵 9
＊地図 ⑳

イギリスの伝承童謡集『マザーグース』の「ロンドン橋、落ちた」は、日本でもよく知られている。

いくつものヴァージョンがあるが、おおよそ次のような内容――ロンドン橋が落ちた、木と泥で造ったから流された。では煉瓦《れんが》と漆喰《しっくい》で造ってはどうか。それだと崩《くず》れる。鉄や鋼ならどうか。曲がってしまう。銀や金はどうか。盗まれる。では石で作るのがいい。それなら、いついつまでも大丈夫。

実際、ロンドン橋はよく落ちた。大雨による洪水、火災、戦争などで、少なくとも木橋は五回架けかえられている。十三世紀に入ってまもなく頑丈な石橋となり、マザーグースの歌はそれを機に作られたらしい。

一方、異説もあり、歌はもっとずっと後世にできたものという。石橋になって以来、あれよあれよという間に木造不法建築が建ち並び――ヨーロッパの橋はかつてどれも、ごたごたと建物を載せていた――勝手にどんどん高層化して、七階建てまでできる始末。橋なのか小路なのか、はたまたトンネルなのかわからなくなり、いや、それどころか当時の図版を見ると、まるで細長い町がテムズ川を横切っているかのような奇妙な光景だ。これでは今に重さで崩れかねない、そんな不安を抱《いだ》かしめたのが、「落ちる」という歌の由来ではないか、と。

この石橋は、しかし六百年以上も保《も》ちこたえた。橋上の建物群（ほとんどは小間物を扱う店舗）はひんぱんに火事で焼失したし、橋脚のアーチの一部も時たま壊れはしたものの、橋本体は補強工事をくり返し、ロンドンの名物となってゆく。

橋には教会が建っていた時代もある。だがこれはヘンリー八世によって撤去された。アン・ブーリンとの再婚でヴァチカンと手を切った国王は、英国国教会樹立のためカトリック教会を潰《つぶ》し、その資産を国庫に、つまり我が物にした。

右岸の橋門には、棒で串刺しにした晒《さら》し首がいくつも並べられた（十四世紀から十八世紀初頭まで、間断なく続いたそのおぞましい眺めは、現代日本人の想像をはるかに超えていよう）。その中には、清教徒革命でチャールズ一世を処刑したクロムウェルの首もあった。病死した彼の遺骸は、二年後の王政復古で掘り返され、すでにもう白骨化しかけていたろうに、ロンドン橋を飾るため、改めて首を刎《は》ねられたのである。

そうこうする間も橋の交通阻害は続いた。両側の店が少しずつ少しずつ中央部へ張り出してきて、人も馬車も通りにくいったらありはしない。そこでついに——四五〇年もたってからだが——建造物はことごとく取り払われることになる。橋は純粋に橋としての姿をあらわした。ようやく人々は、ロンドン橋の上から広い空を見上げられるようになった。さぞかし清々《すがすが》しい思いであったろう。

ところが十九世紀になると、またまた新たな問題が出てくる。今度は橋の下だ。ゴミやら糞尿《ふんにょう》を投げ捨て続けて幾星霜《いくせいそう》、橋脚の周りはヘドロの島と成り果て、せっかく産業革命による豊富な物資を運びたくとも、大型船のスムーズな航行ができない。

これではならじと、一八三一年、少し上流に御影石《みかげいし》造りの立派な新ロンドン橋が架けられた。完成と同時に、これまで頑張ってきた齢《よわい》六百歳の古橋はばらばらに取り壊された。すると——何であれ古いモノは妖怪化するのか——おとなしくお役御免など嫌だとばかり、旧ロンドン橋は思いがけない災禍《さいか》を遺《のこ》していった。

川の流速だ。

実は橋脚の多さとヘドロが、自然のダムを形成していたのだ。それらが全て一挙に片付けられた結果、テムズ川は本来の急流をとりもどし、新ロンドン橋を激しく傷《いた》めつけた。けっきょく新橋は百年も保たず、再び架け替えの必要に迫られる。一九七〇年代、今のコンクリート橋が元の古橋近くに建造された。

橋にも固有の運命がある。

五つのアーチを持つ美しい御影石製のロンドン橋は、このままでは「(古橋の怨念で?)落ちる」とわかった時点で売りに出された。売るほうも凄いが、買う方も凄い。誰も買うまいと思われたのに、たったひとり、落札に手を挙げた者がいた。ロンドンから一万キロも離れた、アメリカはアリゾナ州の土地開発業者だ。歴史の浅いアメリカはヨーロッパへの憧れが強いので、橋は恰好の話題作りになると見越したのである。

橋は二四六万ドルで、再婚先へ嫁ぐ。霧のロンドンから、砂漠のアリゾナへ。御影石はひとつひとつに番号をふられて解体され、丁寧に梱包《こんぽう》されて船ではるばる大西洋を渡り、三年後にレイクハバス市の湖に再構築された。今もアリゾナの乾いた風に吹かれている。

心境や、いかに。

束の間の闇

＊地図 ㉑

スイス中央部に位置する古都ルツェルンにはロイス川が流れ、中世からの二つの有名な木橋が架かっている。カペル橋とシュプロイヤー橋。

どちらも屋根付き木橋だが、アメリカの「マディソン郡の橋」のように納屋風のずんぐりした形ではなく、曲がり角を持つ細長い廊下に似ている。もともと杭《くい》に板を置いただけのきわめて素朴な造りなので流されたり腐ったり、何度も修理がくり返されてきた。

カペル橋（チャペルの意）は、ルツェルンのシンボル的存在。観光スポットだ。

その起源は古く、一三三〇年代に城砦《じょうさい》の一部として造られた。隣接する八角形のレンガ製「水の塔」はそれよりなお古く、暗黒の中世をひきずっている。即《すなわ》ち、ここはかつて拷問室や牢獄《ろうごく》として使われていたのだ。塔から漏《も》れる悲鳴や呻《うめ》き声を聞きながら、人々は何を思って橋を渡っていたのだろう……。

橋の内部、屋根の梁《はり》部分には、十六世紀に三角の板絵が百枚以上飾られた。ルツェルンの歴史と守護聖人たちの伝承を描いた連作で、そのうちのいくつかは聖モーリス（サンモリッツ）と、彼の率いたテーベ軍団に捧げられている。

紀元四世紀、彼らは古代ローマのマクシミリアン帝から、キリスト教徒を征伐《せいばつ》するよう命じられたものの拒否、現在のサンモリッツの地で全員虐殺されたという。その数六六〇〇人とも一万人（白髪三千丈？）とも言われている。西洋絵画お得意の、血みどろ宗教画だ。

もう一つのシュプロイヤー橋（もみ殻《がら》の意）は全長八〇メートル、橋中央には赤いとんがり帽の小さな礼拝堂が立つ。この橋はカペル橋より半世紀以上経《へ》た一四〇八年建造だが、カペル橋が一九九〇年代に火事で大部分が焼失して建て替えられたので、実質上スイス最古の木橋といえる。

この橋の見どころは、何といっても天井画だ。十七世紀のスイス人画家カスパー・メグリンガーが描いた六十七枚の板絵『死の舞踏』が、ずらりと並んでいる。

死の舞踏というのは中世末期によく取り上げられたモチーフで、「死によって階級差がなくなり、万人は平等になる」との思想を表現したもの。「死」自体はたいてい骸骨としてあらわされ、時にフード付きマント姿で砂時計や大鎌を持っている。

メグリンガー作品も同じで、さまざまな姿の「死」がごくありふれた日常の中にひそみ、王侯貴族だろうと貧民だろうと、教皇だろうと異教徒だろうと、はたまた美女だろうと幼児だろうと、容赦なくダンスのステップを踏ませてあの世へ連れ去ってゆく。

こうした図像が数多く生まれた背景には、ヨーロッパを幾度も襲い、人口の三分の一を葬ったことすらあるパンデミック（世界的流行）、ペストへの絶えざる恐怖があった。疫病は神の怒りの徴《しるし》であり、天罰だとする考えも身に沁《し》みていたから、世界観は現代とずいぶん違っていた。誰にとっても死はあまりに身近な存在だった。

十九世紀アメリカの詩人ヘンリー・ロングフェローが、シュプロイヤー橋とこれら板絵について、詩集『黄金伝説』の中で次のように詠《うた》っている――。

「死は屋根付きの橋のようなもの

明るい場所から明るい場所へ行くまでの
束《つか》の間の闇」

束の間の闇……なるほどそうかもしれないが、現代日本人の感覚から言わせてもらえば、この世から天国へ渡る橋には、血まみれ宗教画だの怖い骸骨画などが飾っていないほうがありがたい。

レマゲン鉄橋

*口絵 10
*地図 ㉒

ドイツのレマゲン市（ボンのすぐ南に位置）とエルペル市を結んでライン川に架けられた橋は、正式名称をルーデンドルフ橋という。しかしその名前より、レマゲン鉄橋（The Bridge at Remagen＝レマゲン市の橋）と呼ばれることのほうがはるかに多い。第二次世界大戦時、レマゲンを舞台に、ドイツ軍とアメリカ軍が橋の争奪戦をくり広げたためだ。

この橋はよくよく戦争と縁が深いのだろう。第一次世界大戦中、西部戦線への軍需輸送目的で建設され、第二次世界大戦で崩落して、再建はついに成されなかった。今は河岸に黒い無気味な残骸として、橋桁《はしげた》部分だけが屹立《きつりつ》している（内部は一九八〇年以降、平和記念館になった）。

一九四四年六月、フランスのノルマンディーに上陸した連合軍は、じりじり前進してフランスを解放し、翌一九四五年三月に天然の要塞《ようさい》ライン川へ到達する。

ドイツは敵の進軍を食い止めるため橋を落とすことにし、デュッセルドルフのオーバーカッセル橋、ケルンのホーエンツォレルン橋と、次々爆破していった。最後に残ったのが、このレマゲン鉄橋。独米の攻防が始まる。

とはいえドイツ降伏までわずか二ヶ月の時点だから、明らかにもう勝敗の行方は見えている。上層部はともかく、末端の兵士たちは守る側も攻める側も疲労困憊《こんぱい》、士気は著しく低かったといわれる。橋で火薬が爆発した時、ドイツ側が「これで米軍は渡ってこない」と喜んだのは当然として、アメリカ側も無駄死にを嫌がり、「これで危ない橋を渡らずにすむ」とホッとしたというのだ。あいにく爆薬の質の悪さと量不足のせいで橋は落ちず、米兵は渋々前進せねばならなかった。

レマゲンにおけるドイツ守備隊の状況は、アメリカ側の想像を超えたひどさだった。逃亡兵が激増し、人材も武器も枯渇《こかつ》、指揮系統も混乱を極めていた。米軍が来る前まで鉄橋守備指揮官だったのは、ブラトゲ大尉。彼の直属の部下は三十五人のみで、しかも皆、前線帰りの傷病兵というありさまだ。他に工兵中隊一二〇人がいたが、その数もかなり減ってきていた。

机上の数字では、町にも対空砲部隊や国民突撃隊五百人ほどがいるはずだったが多くが逃げて、わずかに市民兵、老人、ヒトラー・ユーゲントといった、頼りにならない連中が残されているばかり。ブラトゲ大尉にしてからが、一度退役して学校教師をしていたのを再召集された身であった。

こういう現場の実情を全く把握していない参謀本部は、新たな指揮官としてシェラー少佐を派遣する。少佐はレマゲンへ到着して驚愕《きょうがく》し、本部へ援軍と爆薬搬入を何度も緊急要請するが、ことごとく斥《しりぞ》けられた。そうこうするうち米軍は押し寄せ、爆発しても橋は落ちず、しまいには通信手段まで遮断《しゃだん》される。

やむなく少佐自らが本部へもどり、橋が奪取《だっしゅ》された報告をするや——何と！——作戦失敗の責任をとらされ、その場で銃殺されてしまう。ヒトラーの怒りを怖れた無能な元帥《げんすい》たちによる、トカゲの尻尾《しっぽ》切りであった。緊急要請を断った将軍はお咎《とが》め無しなのだから実にひどい。

一方、橋に残ってアメリカに投降したブラトゲ大尉は、ドイツ臨時軍事裁判所から同じく死刑判決を下されたものの、捕虜になっていたため命永らえ、戦後、教師に返り咲いている。ほんのわずかの居場所の違いが運命を分けたのだ。

さて、レマゲン鉄橋自体の運命は——

先述したように、この橋は軍事物資運搬用に架けられたため、二本の鉄路と歩道を有する頑丈きわまりないものだった。最初の爆破では、中央に大きな穴があいただけで、びくともしていない。その後ドイツ軍は潜水工作員を使って再度の爆破を試みたり、V2ロケットだの超大口径のカール自走臼砲《きゅうほう》をくり出してきたが、どれも成功しなかった。

こうして「レマゲンの奇跡」と呼ばれた鉄橋は、奪取翌日だけで八千人の米兵を向こう岸へ渡し、連合軍勝利に大いに貢献したのである。

ところがそのわずか十日後、アメリカ兵が傷《いた》んだ橋の補修工事をはじめた時。レマゲン鉄橋は「もう戦争など飽き飽きだ、これ以上の奉仕は御免蒙る《ごめんこうむる》」と言わんばかりに、突如ひとりでに崩落していった、ドイツ兵ではなく、米軍工兵二十八人を道連れにして……。

マルコ・ポーロ橋

＊口絵 11
＊地図 ㉓

十三世紀のヴェネツィア商人マルコ・ポーロの名は、日本を「黄金の国ジパング」と紹介したことでも有名だ。近年ではマルコ・ポーロの存在自体を疑う説もあるが、それはそれとして、一般に知られている彼の冒険譚《たん》は――

十代で父や叔父と共に東方への商旅行へ出たマルコ・ポーロは、当時モンゴルが支配する元《げん》王朝の中国で官吏を長く務めるなどして一財産作り、二十数年後の一二九五年に帰国する。しばらくしてヴェネツィア共和国は仇敵《きゅうてき》ジェノヴァ共和国と戦争になり、志願兵として戦った彼はジェノヴァの捕虜となる。

話の巧みな男だったのだろう、牢獄《ろうごく》内で旅行譚を語って評判になり、囚人や獄吏《ごくり》ばかりか市民や貴族までが話を聴きにやって来るほどだった。ついにはピサという作家が口述筆記して、できたのが、『東方見聞録』だ。

やがて釈放されたマルコ・ポーロはヴェネツィアへもどり、幸せな結婚をし、豪商として豊かに暮らして、若い冒険家への支援も行ったという。

さて、『東方見聞録』。

当時はまだ印刷術が発明されておらず、本は手書きでどんどん広まってゆく。内容が面白いので、さらに面白くしたいという輩《やから》が勝手に加筆し、各国語で書かれた無数の異本は内容がまちまちという有りさまだ。おまけに原本が失われてしまい、どれを信ずべきかも紛糾《ふんきゅう》している。

ともあれ、マルコ・ポーロは中国の美橋についてこう語っている。

元の首都、大都（現・北京）近くの大河に架かる灰色の大理石橋は、「まったく、世にも見事な、他に匹敵するものもない立派なもの」（青木一夫訳）。アーチの説明や装飾の唐獅子《からじし》像にも触れて大絶賛している。そのためヨーロッパの人々は、「マルコ・ポーロ・ブリッジ」と呼んで、親近感を抱いている。

マルコ・ポーロが渡った時、この石橋はすでに百年もの歳月を経ていた（宋《そう》代に着工され、完成は一一九二年）。川は「無定河」の俗称がつくほどの暴れ川で、たびたび橋を痛めつけたが、補修改修をくり返して美しさはその後も維持された。

マルコ・ポーロから五百年近く経《た》つころには堤防も整備されて川は少しおとなしく

なり、名も「永定河」と呼ばれるようになる。清朝《しん》の名君、乾隆帝《けんりゆうてい》が橋とそこからの景観のすばらしさ、とりわけ月の夜の絶景を記述しており、それが今も橋のたもとに石碑として建つ。

もちろん橋は現存し、中国最古の石造りアーチ橋として観光名所になっている。両脇の欄干に飾られた、愛嬌《あいきよう》たっぷりの小さな唐獅子石像も人気で、その数五〇一体とも五〇二体とも言われる。子獅子が親獅子の腹の下などわかりにくい場所に隠れていて、見落とされるのだ。おかげでこの唐獅子は「数えられないもの」の代名詞になっているという。

唐獅子を見ながら橋を渡ったのは、マルコ・ポーロや乾隆帝ばかりではない。日本軍も隊列を組んで通ったのだった。

一九三七年七月七日夜半、日本軍は乾隆帝の石碑の近くで、対岸の中国軍と睨《にら》みあう形で駐屯《ちゆうとん》していた。謎の発砲があり、たちまち武力衝突へと発展し、双方に死者がでた。これが日中戦争へとつながっていったのは誰もが知るとおりだ。そして歴史はこれを、「盧溝橋事件《ろこうきようじけん》」と名付けた。

マルコ・ポーロ橋の正式名称は、盧溝橋なのだから。

仏露友好の橋

＊地図 ㉔

パリの数多《あまた》ある橋のうち、もっとも豪華絢爛《けんらん》なのはアレクサンドル三世橋。幅四十メートル、長さ一〇七メートルの鋼鉄製アーチ橋で、四隅には黄金の松明《たいまつ》を持つ巨大なブロンズ女神像（芸術・農業・闘争・戦争の擬人像）がそびえる。手すりに沿ってずらりと並ぶ街灯はアール・ヌーヴォー調の凝《こ》った作り、アーチには鋳鉄《いてつ》の花輪が連《つら》なっている。

橋の形がかなり扁平《へんぺい》なのは、川中に橋脚を建てることが禁じられたのと、近くにあるアンヴァリッド（廃兵院）の眺望を妨げないことが建造時の条件だったからだ。

それにしても、なぜロシア皇帝の名を冠した橋がパリに？

これは一九〇〇年のパリ万博にあわせ、仏露友好記念の証《あか》しとしてロマノフ王家が寄贈した、まさに両国の架け橋だった。橋の佇《たたず》まいが共和制のフランスらしからぬ、いかにも帝政風に装飾過多なのはそのためもあろう（設計はフランス人建築家によるが)。

この時アレクサンドル三世自身は病死しており、その息子ニコライ二世が父帝の政治路線を継承していた。すなわち、反ドイツ色の鮮明化、及び仏露同盟のさらなる強化である。ロシアはフランスから資金を調達することで、着々とシベリア鉄道を延長したし、フランスにとってもロシアの近代化は望ましいものだった。貿易の相手国として、また台頭する敵国ドイツに抗する仲間として。

アレクサンドル三世橋の起工式は、一八九七年春に行われた。帝位を継いでまもない、まだ二十代の若々しいニコライ二世と、ヴィクトリア女王の孫であるアレクサンドラ妃は、珍しく恋愛結婚によるお似合いのカップルとして知られていた。ニコライは祝典で、象牙《ぞうげ》の柄《え》に金をあしらった槌《つち》をふるい、パリっ子の歓声を浴びた。皇帝夫妻にとってもこの日は輝きに満ちた佳《よ》き日として記憶される。

橋は無事一八九九年の年末に完成し、万博会場として建てられた対岸のグラン・パレへと、おおぜいの観光客を渡す役目を果たした。その後もセーヌ川を彩《いろど》り続け、二度にわたる世界大戦では石塔に数発の弾丸を食らったものの、幸いにして他は無事で、往時の美しさを今に保っている。

さて、橋は残った。ではロマノフ王家は？

ニコライ二世は「ラスト・エンペラー」であった。ルイ十六世もそうだが、最後の王というのはその人生の至るところでどこかしら「ツイていない」感じを漂《ただよ》わせている。本人のせいというより、運命に足をすくわれたという不運のイメージだ。

ニコライはまだ皇太子時代、来日した大津で警官に切りつけられた（「大津事件」）。君主の座についてからは「日露戦争」を起こし、アジアの小国と侮《あなど》っていた日本に、よもやの敗戦を喫《きっ》する。この痛手が癒《い》えぬまま、いや、癒えぬからこそ、再びの戦争で勝利をおさめ、国内の不満を沈静させようとした。軍部の意をくんでのことだったが、まさかその戦いが、後世、第一次世界大戦と呼ばれる長期戦になるとは想像もしていなかった。

また彼が恋して迎えた妃は、祖母ヴィクトリアから血友病の遺伝因子を受け継いでいた。そのため、幼い皇太子が発症してしまう。宮廷医師団が匙《さじ》を投げた皇太子の発作を、何度も治したのが、いわゆる「怪僧」ラスプーチン。彼を重用《ちょうよう》しすぎたことから、皇帝一家の人気は地に堕ち、国内は社会主義革命へと急速に進んでゆくのだった。

廃位されたニコライ一家を待ち受けていたのは、裁判もない、突然の銃殺。夫婦と皇太子、四人の皇女、全員の遺体は身元を知られぬように顔に硫酸をかけられてから埋められたという。

華やかな橋の起工式から、二十一年後のことだった。

若きゲーテの渡った橋

＊地図 ㉕

ドイツにはフランクフルトという都市が二つある。正式名はフランクフルト・アム・マイン（人口約六十九万、旧西独）とフランクフルト・アン・デア・オーデル（人口約六万、旧東独）。それぞれマイン川とオーデル川の河畔に位置している。

さて、ドイツ語の名詞には全て、それこそ森羅万象《しんらばんしょう》、抽象名詞までも含めて全部「性」がある。男性・女性・中性の三つの性で、それがわからないと冠詞が特定できない。

川もそれぞれに性が別で、マイン川は男性名詞、オーデル川は女性名詞。そのため片方は「アム」、片方は「アン・デア」という前置詞プラス冠詞付きとなる。実にややこしい。ちなみにドイツ人は利根川を、日本人には無断で（とはいえ「坂東太郎」の異名を踏まえてだろうけれど）男性名詞と規定しているから、例えば銚子市なら、チョーシ・アム・トネとなる。

閑話休題。

フランクフルト・アム・マインは、文豪ゲーテの生まれ故郷であり、彼が多感な少年期を過ごした町だ。自伝『詩と真実』には、マイン川に架かる橋についての描写がある。それによれば、彼はここを散歩するのが一番好きだった由。「橋の長さといい、どっしりした感じといい、美しい外観といい、まったく堂々たる建造物だった」「橋の中央にある十字架の上の金色の鶏が、陽光を浴びて輝くとき、いつもわたくしは喜びの情におののいた」（菊森英夫訳。以下、同じ）。

装飾の鶏が金色に塗られたのは、ゲーテが一歳の誕生日を迎えた一七五〇年である。この時点でもうすでにフランクフルト一古い橋だった。最初の建造は十三世紀初頭、その後幾度か流され、ゲーテが渡ったのは一三四二年に再建された橋。赤い砂岩《さがん》造りで、三つの高い橋塔（橋の入り口や橋脚上に建つ塔や門）を持ち、長さは二六五メートルだったという。

ゲーテはこれを「大橋」と書いているが、今ではアルテ・ブリュッケ（＝古橋）と呼ばれる。残念ながら十回以上も建て替えられるうち、中世はもとよりゲーテ時代を偲《しの》ばせるものの残っていない。

少年ゲーテが橋の上に見たのは、金鶏《きんけい》だけではなかった。「誰でも行手にその橋塔を見、頭蓋骨《ずがいこつ》が眼につくのである」――何と一五〇年近く昔の国事犯の晒《さら》し首四つのうちひとつだけ、骨となってまだ残っていた（他は川に落ちたらしい）。その有名な「フェットミルヒの叛乱《はんらん》」とは、謂《い》わば都市貴族に対する市民の側の怒りの表明であった。雑貨屋フェットミルヒを中心に団結した市民は、古い利権を手放さず甘い汁を吸い続ける市参事会員三十三人を辞職させるとともに、彼らと結託して公金を元手に高利で市民に貸し付けていたユダヤ人を襲い、市外へ追放した。その過程で流血沙汰《ざた》が起こったのは必然であろう。結果は、悲惨だった。フェットミルヒをはじめとする首謀者六人は激しい拷問の末、公開処刑。四人の首は橋塔に釘で引っかけられ、晒された。他にもこの叛乱に関わって追放刑や罰金刑を受けた者が二千百人以上もいたという。当時のフランクフルトの人口は二万人ほどだから、住民の一割以上が、圧制と不正にノーの声をあげたことになる。

ゲーテはフェットミルヒたちに同情し、「かれらは結局、将来の市政を改善するために捧げられた犠牲とみなされる」と書いている。

処刑翌年、まるでフェットミルヒの無念が引き寄せたかのように、「三十年戦争」が勃発《ぼっぱつ》、ドイツ全土は戦場と化す。この宗教戦争によって、ヨーロッパにおけるドイツの後進性は決定的となるのだ。フランクフルトも激戦地となり、川を挟《はさ》んで戦いがくりひろげられた。ようやく敵軍を追い払ったかと思えば、町には農村からの避難民があふれ、飢餓《きが》がはびこり、ペストが猛威をふるった。死屍累々《ししるいるい》。

こうした中でも橋は崩落しなかったので、晒されていた首は残った。鳥につつかれ、雨に叩かれ、ゆっくり腐ってゆき、やがて白い虚《うつ》ろなしゃれこうべとなって、眼下の惨状を見つめ続けたのだ。

亡命の橋

＊地図 ㉖

「我《わ》が州には世界一長い橋がある。この橋はワシントンから始まり、シベリアで終わっている」——第二次世界大戦終了直後の、上オーストリア州知事グライスナーの言葉だ。もちろんそんな長い橋が存在するわけもなく、政治の比喩である。当時オーストリアは、ソ連・アメリカ・イギリス・フランスの四カ国に分割占領されていた。そして上オーストリア州は、ドナウ川を境に南が自由主義国アメリカ地域、北が共産主義国ソ連地域となり、両者はリンツにかかる橋によって結ばれていた。橋はまさしく——グライスナーが苦々《にがにが》しく言ったように——ワシントンからシベリアへと、気の遠くなるほどの長さとなる。

鉄のカーテンに関係した橋は、中欧にはまだまだ多い。その一つ、ハンガリーとオーストリアの国境沿いに架かった、アンダウ橋。田舎によくある、変哲もない木造りの小さなこの橋は、しかし七万人もの命を救った橋として知られる。

冷戦さなかの一九五六年二月。モスクワのクレムリンで開催された共産党大会最終日、フルシチョフ第一書記が四時間もの大演説をぶち、それまで無謬《むびゅう》とされてきた故スターリンを、舌鋒《ぜっぽう》鋭く批判して、並みいる代議員たちの喝采《かっさい》を浴びた。スターリン神話の終焉《しゅうえん》だ。

当時の衛星国に激震が走り、真っ先にポーランドで暴動が起きた。だが悲劇の舞台となったのはハンガリーのほうだ。十月に首都ブダペストで学生や知識人による反体制デモが起こる。「小スターリン」とあだ名されていた共産党党首ラコシ解任と言論の自由を求めたもので、瞬《また》く間に女性や子どもを含む多くの市民が加わった。そこへ治安警察が発砲したものだから怒りは沸点《ふってん》に達し、ハンガリー正規軍までソ連軍へ銃を向けるに至る（「ハンガリー動乱」）。

こうしてラコシはソ連へ逃げ込み、穏健派のナジが党首に復権。人々は勝利に酔い、ナジは一党独裁廃止とワルシャワ条約機構からの脱退を宣言した。自由を取りもどせたかに思えた。ところが他の衛星国への飛び火を恐れたソ連は、十一月、今度は徹底弾圧の構えで軍事介入に踏み切った。

国連の再三の非難決議案もものかは、戦車六千のほか空軍まで動員し、小銃と火炎瓶で立ち向かう市民をなぎ倒してゆく。十数日で戦いは終わった。死傷者数万、ナジはソ連へ連行され処刑された。その後、国民への締め付けがさらに強化されたのは言うまでもない。

ソ連の進軍後、数日すると亡命者が出はじめた。三週間足らずのうちに、その数二十万。さまざまな手段、さまざまな国を目指して人々は故郷を捨てたのだが（『悪童日記』の作者アゴタ・クリストフはスイス経由で逃げた）、そのうちの七万がアンダウの橋を渡り、オーストリアへ亡命を求めた。

この橋は運河の水路にかかっていた。先述したように国境の橋なので、向こう岸の土手がオーストリアだ。当然こちら側には国境警備隊がいた。だが最初のうち彼らは金品をもらえば黙って通してくれた。状況が変化したのは十一月二十一日、いきなりアンダウ橋は爆破され、真ん中で崩れ落ちた。あまりに多くの国民がハンガリーに愛想を尽かし、このままでは国が空っぽになるのを危惧《きぐ》したのだろう。

橋が落ちれば逃げられない。

水路幅はたった十五メートル。水深があるとはいえ、夏なら泳いで渡ることもできた。しかし内陸部の冬は厳しい。流氷の浮かぶ零度近い水に、人間の心臓は長くは耐えられない。アンダウの橋は自由を求める人にとっての命綱《いのちづな》だったのだ。
現在この橋は復元され、当時の痛ましい歴史を伝えている。

双体道祖神

道端や橋のたもとに、素朴な石碑や石像がちょこんと鎮座《ちんざ》しているのをご存じと思う。地域の道祖神《どうそじん》だ。お寺の境内《けいだい》で大切に保存された仏像とは違い、雨ざらしなので欠けたり苔《こけ》むしたりしているが、それはそれで風情《ふぜい》がある。

道祖神の由来は、中国古来の旅人守護の信仰が仏教とともに伝わってきた際、もともと日本にあった塞神《サイノカミ》信仰と融合したのではないかと考えられている。「塞」は読んで字の如《ごと》く、ふさぐ、止める、などの意味だから、魔や禍を入れないための衝立《ついた》て、いわば結界の役割を担う。

村境いや辻（十字路）、また橋の傍《かたわ》らに道祖神が祀《まつ》られる理由もそれだ。なぜなら村境いは自分たちの生活圏が終わり、その先には得体の知れない他者の棲《す》む世界が拡がっているからで、いつなんどきその境界を乗り越えて、理解不能な何かが侵入しないとも限らない。

辻もそうだ。道が十字形に交叉する辻は、交通の要《かなめ》なので人がおおぜい集まり、現実的肉体的危険が増大するばかりか、この世ならぬものまで押し寄せる、まさに逢魔《おうま》の場だ。さらには道の分岐《ぶんき》により、迷いが生じる場でもある（ヨーロッパでは、魔女や吸血鬼や重罪人を十字路に埋めたとの伝承が残っている。道に迷わせ、現世にもどれないようにとの願いを込めたのだ）。

そして、橋。

橋は本来なら無関係に隔離されていた二つの世界、異質の世界を、人工的に、つまり無理やりに結びつけるための装置である。橋は自分たちが渡りたいときだけ渡る、という都合の良さだけで成り立ってはいない。こちらが行けるのだから、あちらだって勝手気ままにやって来る。極悪人ばかりか、それよりなお悪い、鬼や厄や霊や疫病《えきびよう》も。

くり返すが、橋のたもとの道祖神は橋それ自体を守る神ではない。そうではなくて、その橋を渡り来たる邪悪なるものを監視し、食い止め、はね返すための結界として置かれている。

遠い昔、ほとんどの農民が一生自分の生まれた村に縛りつけられ、せいぜいが近隣の数村と交流を持つ程度で、そこを出るには遠くへ嫁ぐ時、あるいは運良く地域の代表として御伊勢詣りなどが叶う時くらいなものだったころ、村という共同体は――飢《き》饉《きん》の際はいざ知らず――繭《まゆ》のように自分たちを守ってくれる存在だった。同じ場に「縛りつけられている」との意識すら無かっただろう。

架橋は、特に川が自然の村境いになっている場合の架橋は、その繭に自ら穴を開《あ》けるような不安をかき立てたに違いない。橋の利便性を享受しつつ、村民は災厄の侵入に怯《おび》え、安心を求めて道祖神を建てた。その前を通るたび足をとめ、時に花など捧げ、身をこごめ、真摯《しんし》に祈った、どうかこの村をお守りくださいい、と。

神は最初、人の手を加えないただの石だった。石はその不変と永遠性によって、神の力のシンボルとされたからだ。やがて美を求める人間の志向が、石に像を彫らせ刻ませた。こうして神像らしき形ができあがるが、塞神として特に好まれたのは「双体道祖神」だった。男女の寄り添う姿、ないしエロティックな男女合歓《ごうかん》像である。

これは農耕民族に広く見られる生殖器信仰の影響とされる。性行為そのものが豊饒《ほうじょう》を意味し、邪を払う力があるとの信仰だ。橋を渡って近づいてくる異界の相手に、合歓の像を見せて退散させようというのだから、今の若者は笑うかもしれない。

そんなもので退散するような魔など、大したことない？

いや、いや、そうではあるまい。エロスの燃えるパワーはまさしく生きるエネルギーそのものだからこそ、注連縄《しめなわ》にも劣らぬ結界力を秘めていると信じられてきた。そうでなくてどうして文学でも美術でも、あらゆる芸術の根にエロスが深く突き刺さっているのか。

さて、真摯な祈りも、欲によって拡散するのが世の常。双体道祖神はその姿から、縁結び、夫婦円満、安産、子孫繁栄と、御利益《ごりやく》が増えていった。

現在でも新しい橋の完成祝いに、高齢夫婦三組、あるいは一家に三代三組の夫婦が選ばれ、渡り初《ぞ》めする儀式がたまに見られる。長寿者にあやかり、橋も末長く保《も》つようにとの願望の他に、双体道祖神に込められたエロス・パワーに対する期待も重なっていよう。

天使がいっぱい

＊地図 ㉗

ナポレオンが進軍中の一八〇〇年ローマ。反政府運動家を匿《かくま》ったとして、画家カヴァラドッシは警視総監スカルピアに捕らわれ、テヴェレ河畔サンタンジェロ城の屋上にて銃殺、と決まった。だがカヴァラドッシの恋人トスカの嘆願により、刑は見せかけだけで逃げ道は用意される、との約束がとりかわされる。安心して処刑にたちあうトスカ。ところがいざ蓋《ふた》をあけてみると、スカルピアの約束こそが見せかけで、銃には実弾がこめられていた。恋人の遺体にとりすがった後、トスカは城壁から身を投げる……。

プッチーニの人気オペラ『トスカ』の、ドラマティックな幕切れである。実在の城サンタンジェロの、おどろおどろしい佇《たたず》まいにぴったりだ。

この城は古さも古し、紀元一三九年、ローマ皇帝ハドリアヌスが自らの霊廟《れいびょう》として建設し、やがて要塞《ようさい》化し、多角形の城壁がめぐらされ、牢獄《ろうごく》としても使われた。多くの政治犯や思想犯が投獄され拷問され処刑されたことで知られ、幽霊譚《たん》にあふれている。十四世紀になると、ローマ教皇のいざという時の避難場所となり（聖ピエトロ大聖堂と地下通路で結ばれている由）、豪華な居室も作られた。

サンタンジェロ（Sant'Angelo＝聖天使）という名は、六世紀末にペストが猛威を振るった時、病魔退散を祈る教皇グレゴリウス一世が、城上に守護天使ミカエルの降り立つのを見、その後すぐペストが収束《しゅうそく》したことから生まれた。以来、そばのテヴェレ川に架かる橋も、サンタンジェロ橋と呼ばれるようになる。

この橋は霊廟建設時にいっしょに造られたため、最初はハドリアヌス橋という名だった。やがてローマの多神教はキリスト教に征され、近くに大聖堂ができると、聖ピエトロ橋と名を変えた。当時は、川向こうから聖ピエトロ大聖堂へ行くのに、橋はこれ一つだったのだ。各地からの巡礼者が陸続とここを渡り、城塞《じょうさい》を横目に見ながら、カトリック総本山へ向かったのである。そして聖ミカエルの降臨、サンタンジェロ橋への最終的名称変更、という次第。

現在、サンタンジェロ橋はローマの観光スポットになっているが、それはまさしくアンジェロ(エンゼル)たちのおかげといっていい。わずか十八メートルしかない橋の両欄干部に、十体もの巨大な天使像が、通行人を見下ろすようにずらりと立ち並んでいるのだ。

これらは十七世紀後半、教皇の依頼で造られた華やかで装飾的な彫像群。鷲《わし》の翼、多彩な表情、衣の襞《ひだ》のニュアンスに至るまで、いかにもバロック的な躍動感に満ち、城の屋上にそびえる聖ミカエル像と相まって、芸術の都ローマらしい雰囲気を醸《かも》しだす……と言いたいところだが、実はこれら天使が明かしているのは、むしろ宗教都市ローマの側面なのだ。

なぜならそれぞれの天使が手に持つ品物は、全てイエス・キリストの受難に関係している。城へ向かって進む時、左、右、左、右、と順番に天使をチェックしてみればわかる。

円柱、鞭《むち》、茨《いばら》の冠、布、衣服とサイコロ、釘《くぎ》、十字架、銘刻《めいこく》、スポンジ、槍《やり》。

つまりエルサレムで逮捕されたイエスは「円柱」に縛りつけられ、「鞭」打たれ、拷問の具たる「茨の冠」をかぶせられて市内引き回しにあった。その時、ヴェロニカという勇敢な女性がイエスの汗を「布」でぬぐい、後にその布に聖顔があらわれた。ゴルゴタの丘ではローマ兵たちが、イエスの衣服をめぐって「サイコロ」で勝負した。

イエスは「釘」で「十字架」に打ちつけられ、十字架の上には「銘刻」(「ユダヤの王、ナザレのイエス」)が掛けられた。苦痛に喘《あえ》ぐイエスに、兵が気付け薬をしみ込ませた「スポンジ」をおしつけ、最後は絶命したかどうか確かめるため、「槍」で脇腹を突いた。

こうしてキリスト教徒たちは、橋を渡りながらイエスの受難に思いを馳《は》せる。あいにくハドリアヌス帝以上に異教徒たるわれわれ日本人には、そのあたり、よくわからないので、口をあけて天使像を見上げながら進んでゆくのみ。

知らぬが仏……アレ?

橋の要塞化

*口絵　12
*地図　㉘

中世の城砦《じょうさい》は、亀の甲羅《こうら》のごとく防御優先で、堅固そのものだった。

だが敵の侵入を阻《はば》むための装置は、すでにもう城の外側から始まっている。城へと続く道は故意に幅を狭くし、敵の騎馬軍が一騎ずつ縦列を組まざるを得なくする。道の蛇行《だこう》もできる限り城に向かって左回りにし、敵が体の右側をさらすよう謀《はか》った。身を守る盾はふつう左手に持つので、城内高所からの狙い撃ちに有利となる。さらに接近戦用には濠《ほり》をめぐらし、跳《は》ね橋を架けた。

では川に近い、平地の城砦はどうしたか？

何と、橋そのものを要塞化した！

合理的といえよう。城砦の延長の、ものものしい橋を、敢《あ》えて渡ろうとする敵は多くない。袋のネズミとなって、なぶり殺しにされるのが目に見えているからだ。またこうした橋だと、船からの襲撃にも備えられる。万が一の場合は、城から向こう岸への安全な逃亡ルートにも早変わりした。

イタリアはヴェローナを例にとろう。市内をアディジェ川が蛇のようにのたくっている。そのちょうどU字型の底あたりに、十四世紀半ばの古城カステルヴェッキオが建つ。文字どおり、古い（＝ヴェッキオ）城（＝カステル）だ。実戦本位の、傭兵《ようへい》のごとき無骨《ぶこつ》で威圧的なこの中世の城砦は、現在では市立博物館として公開され、かつてここに居城したカングランデ二世の騎馬像やマンティーニャの絵画などが鑑賞できる。

城は濠（現在では水は抜かれている）で囲まれ、正面には名残《なごり》の跳ね橋、そして背面のアディジェ川にはスカリジェロ橋が架かる。城も橋もスカラ家のもので、スカリジェロというのはスカラ一族の意。十四世紀には彼ら一族がヴェローナを支配し、黄金期をもたらしたのだった。

スカリジェロ橋は完全に要塞化した三重眼鏡《めがね》橋で、橋というより城の一部が川を跨《また》いでいるかに見える。基礎部とアーチ周りは白い石、他は城本体と同じ赤レンガ造りの勇姿だ。橋の床部も白を基調とした石畳で、両側に四メートルほどの高い側壁がずっと続き、屋根のないトンネルといった趣き。川を見るには側壁に作り付けた足場

（ここから射手が狙い撃ちした）に上り、下を覗《のぞ》かねばならない。

中世愛好家にはたまらなく魅力的な橋の佇《たたず》まいだが、実は第二次世界大戦時、退却するナチス・ドイツに爆破されてしまった。では今あるのは新たに建て替えたコピーかといえば、必ずしもそうではない。歴史建造物を大切にするヨーロッパの徹底性というべきか、ばらばらにされて川底に沈んだ無数の石の断片が、戦後、丹念に拾い集められ、ほぼ昔どおりに復元されたのだというから恐れ入る。

側壁の矢狭間《やざま》を見てほしい。最上部が「四分の一円の組み合わせ」（チューリップの先のような形）になっている。これは「皇帝派」のマークであり、スカラ家による自らの立場表明でもある。反対派の「教皇派」は凸型マークだった。

何のことかと言えば、話は十一世紀にまで遡《さかのぼ》る。聖職者叙任権をめぐって、神聖ローマ帝国皇帝とヴァチカンのローマ教皇が激しく争ったのが発端だ。イタリアの都市国家それぞれが「皇帝派」（貴族、地主層）対「教皇派」（大商人層）に分かれて長い闘争へ突入、さまざまな悲喜劇がくりひろげられたわけだが、すぐ思い出されるのはシェークスピアの『ロミオとジュリエット』。

一度もイタリアへ足を踏み入れたことのないシェークスピアだが、ヴェローナを舞台にしたこの戯曲では、両者の対立をうまく背景に使っている。ヴェローナははじめのうち皇帝派、やがて教皇派に逆転され、再び皇帝派が優勢になるなど、転変《てんぺん》が激しかった。そんな中、ロミオの家は皇帝派、ジュリエットの家は教皇派だったので、若いふたりがどんなに愛し合っても、結ばれぬ道理だ。単にウマの合わない両家、などというものではなく、互いに殺しあってきた歴史を持つのだから。

ロミオとジュリエットには実在のモデルがいたとされる。それが本当だとしても、ふたりがスカリジェロ橋を眺めることはなかった。橋が完成したのは半世紀後だからで、そのころになってもまだ両派は争っていたわけだ。なんともはや……。

テイ鉄道橋

＊口絵 13
＊地図 ㉙

完全な直角や長い直線というものは、自然界に存在しない。

人が徒歩で、あるいは馬で旅していたころ、道は山や丘に沿ってカーブし、谷へと下り、川幅のもっとも狭い場所に架けられた短い橋を渡り、再び曲がりくねりながら斜面をなだらかに登っていった。道と風景は調和していたのだ。

鉄道ができるとそれは一変する。レールを敷くため、アップダウンは掘削《くっさく》や盛り土で極力《きょくりょく》減らされた。可能な限り平坦で直線的なレール・ウェイが走ることで、風景自体が工業化してゆく。現代人にはあまりに見慣れて何も感じられないが、産業革命初体験の人々にとっては、不思議な世界の出現であったろう。

とうぜん「鉄の馬」（当時、列車はそう呼ばれた）のための頑丈な橋も必要になる。石炭を満載した大重量の機関車が、おおぜい人を乗せた数両の客車を牽引《けんいん》し、黒煙を噴き、唸《うな》りをあげて驀進《ばくしん》するのだから、これまでと同じ構造の橋では耐えられるわけがない。

　橋梁技術者は果敢《かかん》にチャレンジしたが、初期には崩落事故が多発した。アメリカでは一八七八年から九五年までの間に（もっぱら木橋とはいえ）五〇二橋も落ちた、との統計が残っている。鉄道王国と謳《うた》われたイギリスも、もちろん例外ではない。

　イギリスはスコットランドのテイ鉄道橋の惨事は、設計ミスとして事故事例にしばしば取り上げられるほど有名だ。

　橋はノース・ブリティッシュ鉄道会社が、スコットランドの著名な技師バウチに委《い》嘱《しょく》し、七年の歳月をかけ、一八七八年に開通した。テイ川が北海へ流れ込む湾の、北岸ダンディ市と南岸ウォーミット市を結ぶ、全長約三・二キロ、この時代としては世界最長の鉄道橋である。ただしレールは平坦ではなかった。船舶《せんぱく》を通すため、中央部のみ、ぐいと迫《せ》り上がるように高くなっており、後にこの付近の橋脚の強度も充分でなかったと批難《ひなん》されることになる。

　とはいえ商務省の検査では問題なしだった。テイ鉄道橋は評判を呼び、ヴィクトリア女王がお召し列車をしたてて橋を渡った。時速三マイル、時折り停車して十分以上もかけ、ゆっくり走る鉄の馬から、女王は北海の美しい景色を堪能《たんのう》した由。五十七歳のバウチは偉業を讃えられてナイトの爵位《しゃくい》を授与される。バウチの人生、絶頂期であったろう。

運命の女神は、だが底意地が悪く、ふいに掌《てのひら》を返すことがある。それは橋完成からわずか二年足らず、ヴィクトリア女王のご機嫌な旅から半年後の、一八七九年十二月二十八日、強風の夜だった。ごうごうたる風が吹き荒れていながら、妙に明るい月が橋を照らしていたという。

エディンバラからの便（機関車、五両の客車、一両の貨車、そして七十五人の乗客）が午後七時過ぎに、テイ橋の南岸セント・フォールへ到着した。悪い予感でもしたのか、詰め所の信号手は、ゆっくり橋へ向かう列車をいつまでも見送った。

北の海は荒れ狂っていた。列車がちょうど橋の中央部、盛り土のように一段高いところを通過中、突風が襲う。信号手はレールの向こうに赤い炎を見、轟音《ごうおん》を聞いた。あわてて電信を打ったが、交信できない。そこで川沿いに上流へ向かって走り、橋を斜め横から見ると……真ん中が、悪魔の鉤爪《かぎづめ》にえぐられたかのように消えていた！

後に明らかになるが、十二本の鉄柱が折れ、橋が八百メートルの長さにわたって崩落したため、列車も巻き込まれ、乗客もろとも冷たい水へと落下したのだった。全員死亡。海へ流されたか、ついに行方不明のままの遺体も少なくなかった。

大英帝国の威信、丸つぶれだ。調査委員会が設置され、「起こるべくして起きた事故」と結論が下された。風圧の影響に対する過小評価、質の悪い鉄材の使用、想定より速いスピードで常に列車が運行され続けていた事実、パーツが外れていたのにメンテナンスがなされていなかった、等々。

橋にお墨付きを与えた商務省の役人は知らんふり。咎《とが》の全てはひとり設計者に負わされた。失意のバウチはこの十ヶ月後、病没。

——とはいえ、この悲惨な事故を機に、新たに建設された鉄道橋の安全度は飛躍的に向上する。せめてもの救いか。

アラバマの橋

＊地図 ㉚

一九六一年度ピュリッツァー賞受賞作『アラバマ物語』（ハーパー・リー）は大ベストセラーになり、映画化もされたので、日本でも知る人は多いだろう。著者リーの少女時代の体験をもとにした小説である。主人公の少女と兄、そして隣家の少年（この子のモデルは、何と、トルーマン・カポーティ）の仲良し三人組の平和な日常に、ディープ・サウス（アメリカ最南部）が抱える人種問題が忍び寄ってくる。

少女の父親は弁護士。ふだんは物静かな読書家で、誰からも特に男らしいとも英雄的とも思われていなかった。しかし白人女性レイプ容疑をかけられた黒人青年を弁護することになって、次第にその真価をあらわしてゆく。

冤罪《えんざい》の証拠が出てきても、黒人を血祭にあげねば気のすまぬ町の人々。有罪判決ありきの彼らは、「黒人の味方をしている」として、弁護士とその家族にまで怒りをぶつける。一触即発の不穏《ふおん》な空気の中、あくまで冷静に穏やかに、だが文字通り命をかけて正義を貫徹しようとする弁護士の姿は、子どもたちの目に、いや、多くの読者に、本物の勇気とは何かを確実に伝えたのだった。

この感動作の時代設定は一九三〇年代、即《すなわ》ち、刊行の三十年も前だが、南部の実情は依然としてそう変わっていないことを、一九六五年の「セルマ事件」、別名「血の日曜日事件」が世界に知らしめた。

セルマとはアラバマ州の小さな町だ。『アラバマ物語』の舞台モンゴメリー市の西に位置し、アラバマ川のほとりにある。かつては背後にいくつものプランテーションを有し、綿花《めんか》の積み出し港として、また奴隷市場として栄えた。

六〇年代には人口が現在より一万人も多い三万近くあり、且《か》つ、白人よりアフリカ奴隷の子孫の数の方が多かった。ところが差別はいっこうに改善されない。

なぜか？

選挙権を手にできなかったからだ。文字を正確に書けることが条件という、弱者に不利な投票法はもちろん、白人至上主義の秘密結社ＫＫＫ（クークラックスクラン）による陰からの脅《おど》し、また月に二回しかない有権者登録日には白人の役人が故意に休憩を長くとってサボタージュするなどで、セルマのアフリカ系アメリカ人で選挙権を持つ者は、人口のわずか二パーセント足らずという有様《ありさま》だった。こうしてセルマでも公民権運動が激しくなる。

セルマから州都モンゴメリーへ、抗議のデモ行進をしよう――この計画を、黒人差別撤廃《てっぱい》運動の指導者マーティン・ルーサー・キング牧師も後押しした。キング自身はアトランタにいたため行進には不参加だったが、三月七日、六百人ほどの公民権運動家や賛同する市民たちが、アラバマ川に架かるエドマンド・ペタス橋を渡っている時に事件は起こった。

デモを認可しない州知事の命令のもと、橋の向こう端で警官や民兵の一団が待ち受けていたのだ。彼らは「二分以内にUターンしろ」と無理難題を言うが早いか、無抵抗の市民に対し催涙弾を撃ち込み、警棒やロープ、鞭《むち》を振り回して襲いかかった。特に騎馬警官は、牛馬を相手にするように容赦なく鞭をふるった(逃げ場をなくすために橋が選ばれたことがわかる)。

死者こそでなかったものの、負傷者は七十人近くにのぼる惨劇だった。

二〇一五年、当時のオバマ大統領を先頭に大群衆がエドマンド・ペタス橋を渡る映像が、新聞やネットに流れた。セルマ事件五十年を記念したイベントである。それに先だつ式典で彼は、「行進はまだ続いている」と演説した。

確かにこの何の変哲もない橋は、ずいぶん長い長い橋のようだ。

石見銀山の反り橋

＊口絵 14
＊地図 ㉛

中央が盛り上がった橋を反《そ》り橋と言う（反り具合が特に顕著で太鼓の胴のように見えるのが、太鼓橋）。実に歩きにくい。

この構造は強度を上げるためとか荷馬車を通らせないためなどとされるが、もう一つ別の説もある。仮の橋、特別な時以外には人間を渡らせないよう、故意にこうした形にしたというのだ。仮の橋、結界としての橋である。では誰のためかと言えば、それはもちろん人ならぬ者を渡すためだ。太鼓橋が神社の境内に多いことはよく知られている。

先般、世界遺産に登録された島根県の石見《いわみ》銀山にもある。それもほとんど間隔をおかず三つの反り橋が並び、なおかつ同じ間隔をあけてふつうのまっすぐな橋も架かっているという、異様な風景だ。

石見銀山の歴史は古く、ここから銀が採《と》れることはすでに鎌倉時代から知られていた。本格的な開発は室町時代後期からで、戦国時代には尼子《あまこ》や毛利《もうり》らが争奪戦をくり広げた。関ケ原の決戦以降、徳川家が押さえて幕府の天領となる。

江戸時代の日本は有数の銀産出国として、最盛期には世界の三分の一を占めたと言われるほどだ。そのうちのかなりの部分を、この石見銀山がまかなった。

アメリカのゴールドラッシュと同じく、人々は一攫《いっかく》千金を求めてこの狭い谷へ群がり、旅籠《はたご》ができ花街《はなまち》ができ町ができ、「銀山百カ寺」と呼ばれるほど多くの寺社ができて、周辺人口は最大時二十万人にも膨《ふく》れ上がったという。

明治以降は民間へ払い下げられたが、そのころにはもう銀も枯渇《こかつ》しはじめており、ついに大正十二年（一九二三年）、銀山四百年の歴史は事実上閉じられた。

さて、奇妙な三つの反り橋について。

これは羅漢《らかん》寺の本堂と、向かい側の石窟を隔てる小さな川に架かっている。いや、架かっているというよりむしろ、両側の崖の途中から生き物のごとく触手を伸ばしたといった風情《ふぜい》だ。崖と同じ凝灰岩《ぎょうかいがん》で建造されているせいかもしれない。長さ四〜五メートル、幅二メートル弱、欄干の高さはわずか三十センチ。本堂へ行くにはさらに橋のすぐ先の階段を上らねばならない。

石窟も三つあり、五百羅漢が安置されている。羅漢というのはもともと釈迦《しゃか》の高弟たち少人数を指すが、日本では数が増え、性格も変わり、深山で修業して超能力を身につけた仙人めいたイメージとなった。また羅漢像は戦争や災害を契機に作られることが多く、五百体の中には必ず身内の者の面影があるとされた。つまり不慮の死を遂げた誰彼を羅漢に重ねたわけで、死しては仏になるという日本的な信仰にもつながっていよう。

石見銀山とはどのような場所であったか。

ここへやってきて成功し、富を得た者もいるが、ほとんどは使い捨て扱いの労働者ばかりだ。狭い坑道内を手作業で掘り進み、酸素不足はもちろん有毒な粉塵《ふんじん》を吸い込んで、寿命は十年も保《も》たないと言われた。事故も多かった。どれほどの死者の数であったろう。

無数の寺が建てられたことは先述したとおりだ。町の富豪が私費で作った例も多く、宗派もほとんど全てといっていいほどそろっている。

——鎮魂《ちんこん》だったのだ。死者を鎮魂し、呪いや恨みを封印せねばならないと、誰もが（江戸でのうのうと利益を貪《むさぼ》った者ですら）感じたのだ。

石窟の羅漢像は二十年ほどかけて明和三年（一七六六年）に五百体そろった（現今は五〇一体あるという）。石橋もそれに合わせて完成し、羅漢寺は盛大な儀式をとりおこなった。

反り橋は魂が寺の本堂と石窟を行き帰りするためのもの。だから人間のためには、四本目の平らな橋が架けられた。

情

愛妾の城と橋

＊口絵 15
＊地図 ㉜

パリから電車で一時間半ほどの距離に、白亜《はくあ》の優美なシュノンソー城がある。シェール川をまたぐ形で橋と一体化したこの城は、知名度の高い女性城主が続いたことから、「六人の奥方の城」との異名を持つ。

ここ一帯はもともとは城塞《じょうさい》で、何代目かの有力領主が川沿いに製粉所（当時の領主の大きな財源）を建てた。月日は流れ、十六世紀前半に、持ち主が財務大臣へと変わり、妻に再建をまかせる。

この女性の采配《さいはい》で城壁内の不要な建物が撤去され、製粉所跡の土台を利用して主館が建設された。戦《いくさ》のための城から、女性らしい目配りのきいた美しい居城への変身である。

時をおかず、城はヴァロワ朝のフランソワ一世に譲渡《じょうと》されて、王家の所有物となった。ところが次代のアンリ二世が、恋の証《あかし》に愛妾《あいしょう》ディアーヌ・ド・ポワティエへ贈ることになる。

人は常にその初恋へもどると言われるが、アンリ二世がまさにそうだった。十一歳の王子時代、教育係（性の手ほどきも含まれたらしい）として現れた三十一歳の子持ちの寡婦《かふ》ディアーヌに魂を奪われ、熱愛ぶりは死ぬまで三十年間、変わらなかった。

だがもちろん彼女との結婚は論外だ。アンリ王太子は十四歳でイタリアの大富豪メディチ家出身、カトリーヌ・ド・メディシスと政略結婚させられる。彼は王侯の義務として妃におおぜい子を産ませたが、心はディアーヌ一筋。

母親より年上なのに、ディアーヌは驚異的な美と魅力を保ち続けていたという。アンリが二十八歳で即位すると、宮廷女性ナンバーワンは王妃ではなくディアーヌだった。王は片ときも彼女をそばから離さず、戦地にまで伴《ともな》った。ほぼ毎日会っているのに恋文を書き、プレゼント攻めにした。シュノンソーをもらったディアーヌは、城から対岸へ渡るアーチ型の橋を架け、典雅な庭園も造った。

そしてノストラダムスの予言的中《てきちゅう》の瞬間がくる。

「若き獅子は老人に打ち勝たん

戦の庭にて一騎打ちのすえ
黄金の檻《おり》の眼《め》をえぐり抜かん
傷はふたつ、さらに酷《むご》き死を死なん」

四十歳のアンリは祝宴の場の余興《よきよう》で、若い臣下に馬上槍《やり》試合を挑む。当時の感覚ではすでに老王であったが、観客席のディアーヌに力自慢したかったのだ。ところが臣下の槍の先が折れ、アンリの金の兜《かぶと》を貫いて目に突き刺さる。数日間の苦悶《くもん》の末、息を引き取った。

こうして正妃と愛妾の運命は逆転する。

カトリーヌは三十年近く宮廷内で軽んじられ、日々の屈辱に耐えてきたが、いざ、息子を王位につけるとマキャベリばりの権謀術数を駆使《くし》して実権を握り、政治を動かしてゆく。

当時ノストラダムスは彼女が雇っていたため、事故に見せかけた夫殺しだったのではないかとの疑いまでかけられているが、それはまた別の話。

フランスの頂点に立ったカトリーヌだが、ディアーヌへの嫉妬の炎は消えなかった。

王の葬儀に同席させず、数々のプレゼントを取り上げ、シュノンソーからも追い出した。

シュノンソーの新たな女主としてカトリーヌは、張り合うかのように広い新庭園を造っている。ディアーヌ庭園の向かい側に。

さらには――王がいそいそと渡ったディアーヌ橋を、そのままの形で残したくなかったのだろう――橋上をべったり覆うように、二階建ての回廊を建て増した。長さ六十メートル、幅六メートル、採光窓十八個の回廊は、だがディアーヌそのもののように美しいシュノンソーの主館をいっそう引き立てて、今にある。

ゴッホの橋

＊口絵16

十九世紀後半のフランスは印象派の時代であり、またジャポニズム（日本趣味）の時代でもあった。

印象派作品の中にさまざまな「日本」が顔をのぞかせているのはよく知られている。浮世絵、版画、団扇《うちわ》、屛風《びょうぶ》、和服、蒔絵《まきえ》など、どれもエキゾティックで斬新《ざんしん》な魅力に満ちていると評された。

オランダからパリへやって来たゴッホもたちまち夢中になり、新たな画風を模索《もさく》する中、日本画を描き写したり自作の背景に取り入れた。彼らしい猛烈な勢いで。

有名なのは、安藤（歌川）広重『名所江戸百景　大はしあたけの夕立』をまるまる（漢字も！）油彩で模写した作品だ。「大はし」というのは、日本橋浜町と深川六間堀をつなぐ橋で、その堀の近くに幕府の御用船安宅丸《あたけまる》の船蔵があったことからのタイトルだ。

橋と川岸が三角形を作る大胆な構図。ずらりと並ぶ木製橋脚の造形の妙。画面上部を覆う妖《あや》しい黒雲。そこから突如降り出す夕立。橋上を小走りになる人々……発表当初からの人気作だ。

意外にも広重とゴッホの活動期はそれほど離れていない。原画（一八五七年）と模写（一八八七年）の隔《へだ》たりは、わずか三十年。なのに両者から受ける印象の隔たりの、なんと大きいことか。

模写なので道具立ては全く同じである。だがまず色彩が違う。広重の微妙に変化する青の使い方がいかに洗練されているかが、ゴッホの強烈すぎる橋の黄色と川の緑色によってよくわかる。

また広重が川を色でしか表現していないのに対し、ゴッホは風雨で立ち騒ぐ波頭を執拗《しつよう》に描写して、ある種の迫力を生み出している。

決定的に違うのは「雨」だ。広重は軽やかで伸びやかな美しい描線《びようせん》を夥《おびただ》しく重ねることで、日本人にとって説得力ある雨のイメージを醸《かも》し出す。一方ゴッホ作には、ひょろひょろの長い線と太い短線ばかりで、まっすぐ素直に伸びる線は無い。

下手だから？

まあ、そうとも言えるが、むしろ彼は日本的な、いわゆる篠突《しのつ》く雨を知らなかったのかもしれない。仮に知っていても、そうした描き方ではヨーロッパ人に伝わらないと思ったのか。いずれにせよ、西洋絵画はそれまでほとんど降る雨を主題としてこなかった。自然観の差だ。

ヨーロッパでは今日なお雨傘の使用は稀《まれ》である（そもそも傘は日傘から出発した）。霧雨状のものが短時間降ったり止《や》んだり、しかも乾燥しているので乾きやすい。雨傘はあまり必要なかった。

日本の空気のしっとり感と、広重の画面から受けるさらさら感。乾燥したヨーロッパと、ゴッホの絵のこのネバネバ感。何だかとても面白い。和食と洋食。

ゴッホは広重を模写した翌年、代表作の一つとなる『アルルの跳ね橋』を描いた。「大はし」を手がけたことで、橋に興味を持ったのだろうか。

抜けるような空と穏やかなせせらぎ、黄色と水色の幸福な合体は、アルルという陽光あふれる土地が、ゴッホの精神状態に（当面は）良い影響を及ぼしたことを示している。後年の、あの病的なまでにうねる曲線がここには全く見られない。

どこもかしこも直線で描かれた短い跳ね橋を、一台の小さな馬車が渡ってゆく。橋は鮮やかに黄色い。模写の黄色とよく似ている。ゴッホの頭の中では、アルルと日本は近いものであった。「この土地の美しさは日本のようだ」と、知人への手紙に書いている。

憧れの日本と重ねあわせた、アルルでの幸せな新生活……それもゴーギャン登場までだったが。

流刑囚の渡る橋

モスクワから三百キロほど南に位置するムツェンスク郡で殺人事件が起き、男女ふたりが逮捕され、鞭《むち》打ちの後、シベリア流刑《るけい》の判決が下る。十九世紀半ばであった。まだ鉄道は開通していない。囚人たちは各地から一箇所に集められ、大集団となって列をなし、数ヶ月かけて徒歩で極寒《ごっかん》の地シベリアまで追い立てられてゆく。辿《たど》りつくまでに多くの死者も出る過酷な道のりだ。ムツェンスクのふたりは恋人同士だったが、途中で男は女に飽き、美貌の囚人に心を移す。女の胸にどす黒い思いが渦巻いた。

やがて一行は、ヴォルガ川に架かる名も無い橋へとさしかかる。女はいきなり恋敵に体当たりして橋から突き落とすと、自分もまた凍《い》てつく急流へ身を投げた。まわりは一瞬どよめくものの、すぐまた深い諦念《ていねん》へもどり、まるで何ごともなかったかのように、うつむいたまま橋を渡り続けるのだった。

——ショスタコーヴィチのオペラ、『ムツェンスク郡のマクベス夫人』最終幕である。

暗く、救いがたい物語が、ダイナミックなオーケストレーションとともに怒濤《どとう》のごとく展開する。

一九三四年、レニングラード（現サンクト・ペテルブルク）で初演されたこのオペラは、国内外で絶讃され、ショスタコーヴィチはソヴィエトにおける傑出した若手作曲家として、磐石《ばんじゃく》の地位を築いたかに思われた。

ところが一年半後、激震が走る。遅ればせに舞台を見たスターリンが怒りを表明したのだ。やがて共産党中央機関紙『プラウダ』も「音楽ならぬ混乱」と糾弾《きゅうだん》しはじめ、政府御用達《ごようたし》の批評家連も「すこぶる下品でブルジョワ的」と声をそろえたため、とうとう上演禁止処分とあいなる。

ショスタコーヴィチは、他の芸術家たちのように、自殺や亡命を考えはしなかった。母国に留まり、くり返しの公式批判を浴びつつも、黙々と作品を産み続けた。けれどそれらは交響曲やピアノ曲や映画音楽や歌曲であり、構想していた『ムツェンスク郡のマクベス夫人』関連三部作ではなかった。もう二度と新たなオペラは作曲しなかった。

そんな彼の姿は、粛清《しゅくせい》され橋から転落してゆく仲間たちを目にしながら、何も見なかったように橋を渡る流刑囚にもたとえられた。

いったいスターリンはこのオペラのどこに危険を感じたのか？　物語はこうだ。

――田舎の豪商イズマイロフ家の嫁カテリーナは、あふれる生命力の行き場の無さに喘《あえ》いでいた。専横的な舅《しゅうと》ボリスが全権力を握り、家族や使用人や農奴《のうど》たちを支配していたからだ。夫は非力《ひりき》な上、子を作る能力もない。だがボリスは子ができないことで、彼女を毎日責めたてた。あげくの果てには、息子がだめなら代わりに自分が、とカテリーナの寝室へ押し入ろうとする始末。

そんな折り、新しい使用人セルゲイが現れる。彼の男性的魅力の虜《とりこ》となったカテリーナは、憎い舅ボリスに毒茸《きのこ》を食べさせて殺し、次いで夫まで、セルゲイと共謀して亡き者にする。悪事はしかしすぐ露見、逮捕。なおまだシベリア流刑の途中で、セルゲイの裏切りにもあわねばならなかった――。

ひとりの女性が破滅する物語だ。音楽の驚くほど速いテンポと競《きそ》うかのように、ヒロイン、カテリーナは、あっという間に落ちて落ちて落ちて、最後は橋からも落ちてしまう。

カテリーナの転落は本人のせいよりむしろ、抑圧的なイズマイロフ家という環境が原因だったのではないか。そしてこのイズマイロフ家は、社会主義国家ソヴィエトそのものを指しているのではないか。さらには、ほしいままに権力をふるう舅ボリスは、国家最高権力者と二重写しではないのか。「骨の撒《ま》かれたシベリアへの道よ、血にはぐくまれ、死の呻《うめ》き声に彩られた道よ」という老囚の歌も、政府に対する批判ではないのか……。

こうした嫌疑をかけられた『ムツェンスク郡のマクベス夫人』が、スターリン下で息の根を止められたのも必然であった。

シベリアへの遠い道筋で、流刑囚はいくつの橋を渡ったろう？

橋ひとつ渡るごとに、絶望は黒く深く重くなっていったに違いない。名も無い橋のそこかしこからは、カテリーナのような女性や政治の犠牲者たちの慟哭《どうこく》が、今も聞こえてくるようだ。

運河の町ヴェネツィア

＊口絵 17
＊地図 ㉝

「アドリア海の真珠」と讃《たた》えられるヴェネツィアには、百五十を超える運河に四百もの橋が架かっている。どれも全て人間専用だ。町に自動車は入れない。それを知らず、休暇旅行にやって来たアメリカの中年女性が、駅を降りてすぐ「タクシー！」と声を上げて笑わせたのが、名作『旅情』（D・リーン監督、一九五五年）だった。

町そのものが華麗な美術品であり、どこを切り取っても絵になるため、ヴェネツィアを舞台にした映画は日本公開分だけでも百作は下らない。どれにも橋は必ず映っている。いくつか見てゆこう。

ヴェネツィアのシンボル的存在なのが「リアルト橋」。店舗を載せた反《そ》りの大きい太鼓橋で、その魅力的な形状から——パリのエッフェル塔と同じように——場所を特定する背景としてよく使われる（東京ディズニーシーにもレプリカがある）。だが橋自体を中心に据《す》えた、見るべき映画はほとんどない。

その意味では、むしろ「ためいき橋」のほうが有名かもしれない。白い大理石で造られたこの橋は、両側の建物の二階部分を結び、全長わずか十一メートルという短さだ。短いが、しかし渡ると運命は激変する。なぜならドゥカーレ宮殿尋問《じんもん》室と牢獄《ろうごく》を結んでいたからだ（現在は観光用に公開）。有罪宣告を受けた者はこの橋から外を眺め、ヴェネツィアの景色もこれが見納めと深いため息をつき、橋の名前となった。

その言い伝えを大ヒット映画『リトル・ロマンス』（G・R・ヒル監督、一九七九年）が覆《くつがえ》す。恋する少年少女に老詐欺師がでたらめな伝説を教える。夕暮れにゴンドラに乗り、ためいき橋の下でキスした恋人たちは永遠に結ばれる、と。

以来、現実でもこの作り話は独り歩きし、橋は新たな観光名所となり、おおぜいの旅行者たちから別種のためいきを誘うようになってしまった。ガイドブックにまで現地の古くからの伝承であるかのように書かれるのだから、映画の力、恐るべし。

ジェームズ・ボンド映画『007カジノ・ロワイヤル』（M・キャンベル監督、二〇〇六年）は、橋を含めた水中シーンがきわめて興味深い。周知のようにヴェネツィアは、海に浮かんだ町である。大量の木の杭《くい》を打ち込み、その上に石を積んでできた町なのだ。「ヴェネツィアに森はないが逆さまにしたら森になる」と言われる。この映画がその人工的な森の様子をありありと見せてくれる。なるほど足元はこうなっているのかという、驚きの映像。

名も知らぬ小さな橋がたくさん出てきたのは、T・マンの短編による『ベニスに死す』(L・ヴィスコンティ監督、一九七一年)。原作の主人公は文学者だが、映画は作曲家になっていて、画面からはマーラーが流れ続ける(ヴェネツィアとマーラーはよく似合う)。

初老の音楽家が静養のためヴェネツィアを訪れる。疫病が流行しそうだとの噂《うわさ》で、常になく閑散としており、彼も危険を感じて町を出ようとは思うのだが去りがたい。それは同じホテルに滞在している美しい少年に魅入られてしまったからだ。

プラーテンの詩「美《うるわ》しきもの見し人は／はや死の手にぞわたされつ」が、主人公の身に起こっている。彼は白髪を染め、顔を白く塗り、毒々しい頬紅《ほおべに》を付けて、少しでも老いから遠ざかろうとあがく。もとより自らの滑稽《こっけい》さには気づかない。少年に対しても、どうしていいのか、どうしたいのかわからない。

彼は少年が家族と散歩する後をストーカーのように付けまわす。迷路そのものの小路には、いくつもの橋がある。障害としての橋。いくら渡っても近づけない。橋は次から次にあらわれ、ついに彼のほうが死神に追いつかれてしまうのだった。

水没する宿命のヴェネツィアにぴったりの傑作。必見。

公家の夢

室町時代後期の公卿《くぎょう》、甘露寺《かんろじ》親長《ちかなが》は、有能な実務官僚にして公家社会の中心人物であった。彼の日記『親長卿記』には、橋の夢が出てくる。一四八九年、親長六十代半ばにみた夢――。

この世ならぬ場所に佇《たたず》んでいた。目の前に長い塀があり、その先は見えない。ふと、男が一人うずくまっているのに気づく。二十年も前に逝去《せいきょ》した、後花園《ごはなぞの》天皇だ。晩年、出家したはずなのに、僧服ではなく俗世の姿だった。

いつの間にか塀の向こうが見える。満々たる大河が流れ、新しい橋が架かっていた。だがその橋は幅わずか六十センチほどで、しかも頼りなく揺れている。後花園天皇はこの橋が渡れないため、長くここで過ごしていたのではないか、もしかしたら自分が来るのを待っていたのかもしれない。

親長は試しに橋を渡ってみた。無事、向こう岸へ着けたので、急いでもどって天皇に声をかける、今なら風も波も静かなので大丈夫です、と。そして天皇を背負い、再び橋を渡った。

目が覚めた親長は喜びに震えた。あそこは間違いなく、善導法師の言う二河白道《にがびやくどう》だ。右には貪欲《どんよく》や執着をあらわす水の河《かわ》、左には憤怒《ふんぬ》や憎悪をあらわす火の河、その中央を走る細い白い道、すなわち二河白道を通り、人は浄土へ向かう。

夢の中で道は新しい橋に変わっていた。白道と同じように細かったが、それでもその橋の新しさは吉祥《きつしよう》だ。天皇を背負った自分もまた、浄土へ迎え入れられるとの証しであろう……。

後花園天皇と甘露寺親長は、若いころから苦楽をともにした。九歳で即位した天皇が「禁闕《きんけつ》の変」に見舞われたのは、二十四歳。これはかつての南朝の残党が、禁裏の神聖なる賢所《かしこどころ》にまで乱入し、三種の神器のうち宝剣と神爾《しんじ》を奪った、一種のクーデターだ。このとき十八歳の親長は、自ら太刀を振るって天皇の脱出を助けた。

その後、賢明な天皇は親長の補佐を得て、朝廷と室町幕府の均衡をうまく保ちつつ地位を守りぬいた。神器を取りもどしたし、息子へ譲位して院政を敷いた。それでも「応仁《おうにん》の乱」が起こるのを止められず、大名同士の私闘だと認識しながらも責任を感じ、ついに出家してまもなく亡くなる。五十一歳だった。
一方、親長は権中納言に出世した段階で、「高官無益なり」と、文書係としての実務にのみ専念した。応仁の乱では自邸を焼かれ、一時京都を逃れた。乱が収束《しゅうそく》した後は、後花園天皇の嫡男後土御門《ごつちみかど》天皇のもとへ出仕し、周囲から敬愛されて権大納言へ就任したが、翌年にはもう辞して出家している。橋の夢も、出家を促す一要因だったかもしれない。
それにしても親長は、なぜ後花園天皇が冥土をさまよい、成仏《じょうぶつ》していないと思ったのだろう？（思わなければこんな夢は見るまい）
そしてまた、なぜ自分も浄土へ行けるかどうか不安だったのか？（不安でなければ、夢から覚めてあんなに喜ぶまい）
実は天皇も親長も傍流の出で、本来なら今の地位につける立場ではなかった。さまざまな周囲の思惑で、心ならずも他者を犠牲にしてきたとの自覚がある。その負い目と、当時の怨霊《おんりよう》信仰が彼らを捉えていたのだろう。政治の動乱の過程で、墓場まで持ってゆかねばならない重大な秘密も抱えていたかもしれない。
徳を重んじ、政治や戦争より学問のほうを好んだ二人は、別の世であれば別の生き方を選んだはずだ。誠心誠意、後花園天皇に仕え、心を通わせあってきた親長は、天皇の魂を救うことで己の魂も救いたいと願ってきたのではないか。だから浄土への狭い橋を、天皇を背負って一歩一歩進んでゆくのは、どんなにか幸せであったろう。

自殺橋

＊地図 ㉞

六百年以上も続いたハプスブルク家も十九世紀後半になると、民族独立や共和制を要求する時代の趨勢《すうせい》に抗すのがやっとという有様《ありさま》だった。

それでもハプスブルク当主フランツ・ヨーゼフ（実質上最後のオーストリア＝ハンガリー帝国皇帝として、第一次世界大戦半ばまで生きた）は、王朝のこれまでどおりの存続を念じ、一八七六年、ウィーン市内を流れるドナウ川に新しく架けた壮麗な橋を、「ルドルフ皇太子橋」と命名した。

唯一の男児にして世継ぎの息子の名である。渡り初めの祝典は、ルドルフの十八歳の誕生日に華々しく行われた。

すでに見てきたように、政治的な名を冠された橋は呼び名を転変させやすい。この橋もそうだ。

まず、六年間にわたる建設期間中は、仮の名称として「帝国大通り橋」とされた。

川に沿った大通りの名をそのまま冠したのだ。橋梁《きょうりょう》完成とともに、「ルドルフ皇太子橋」と発表されるが、市民にはそれまで馴染《なじ》んだ名前のほうが呼びやすかったらしく、「帝国橋」が通称として使われた。そしてある時期からは、「自殺橋」が裏の名になり、ハプスブルク崩壊後は「帝国橋」が正式名とされる。

ところが第二次世界大戦後に駐留したソ連は、「赤軍橋」の名を強要してきた。当然ながらひどく不評で、表示板にはしかたなく「赤軍橋」と記しはしても、ロシア人の目の届かぬ内部文書は訂正しなかったという。オーストリア独立の一九五五年、晴れて橋は「帝国橋」の名を取りもどした。

さて、かつての異名「自殺橋」。なぜウィーン子が、短い期間とはいえ、そんな不吉な呼び方をしたかといえば——

ルドルフ皇太子は長ずるに従い、父帝ヨーゼフと政治的に激しく対立するようになっていた。そのうえ、気の合わない妃を離縁しようと密《ひそ》かにヴァチカンと連絡を取ったのが露見し、いっそう厳しい叱責《しっせき》を受けるはめになる。追いつめられたのだろうか、愛人だった男爵令嬢マリーを道連れに、三十歳のルドルフは小さな町マイヤーリンクの狩猟用ロッジで自殺した。有名な「マイヤーリンク事件」である。

国の正式見解は「心臓疾患による急死」だったが、誰もそんなことを信じるはずもない。皇太子情死の噂《うわさ》はたちまち国内外へ拡《ひろ》がった。件《くだん》の橋にルドルフの名がつけられてまだ十数年。人々はさっそく陰で「自殺橋」とささやきあった。

そうしたあだ名は記憶に残りやすい。映画『愛の嵐』(リリアーナ・カヴァーニ監督、一九七四年製作)で、主人公たちの死に場所としてこの橋が選ばれたのも、もしかすると偶然ではないのかもしれない。

元ナチス親衛隊の男と、強制収容所で彼のサディズムの相手をさせられていたユダヤの少女。戦後二十年たったウィーンで再会した二人は、かつての歪《ゆが》んだ愛を再燃させ、殺されるのを承知で自殺橋を歩いてゆく。一種の心中死。銃弾にくずおれるラストシーンは、どこかマイヤーリンク事件を思い出させた。

何と橋自体も自殺した!

第一次大戦後、交通量の増加に対応するため架け替えられていたのだが、わずか四十年も持たず一九七六年早朝、バス一台を道連れに突如崩落した。乗客はいなかったが、運転手がひとり亡くなった。設計の不備と言われる。ショッキングなニュースとして、当時、世界中に報じられたので、記憶している人も多かろう。

現在の帝国橋は、一九八〇年の完成。とうの昔に帝国は消滅し、橋も近代的でどこにもハプスブルク王朝の面影はないのに、名前だけは変わらず残された。数あるウィーンの橋（意外にも橋の数はヴェネチアより多い）のうち、首都を代表する存在になっている。

ロンドン塔のジェーン

十九世紀フランスの歴史画家ポール・ドラローシュ作『レディ・ジェーン・グレイの処刑』は、目隠しされて首置台のありかを手で探る十六歳の美しい元イングランド女王ジェーンを描いた大作だ。

夏目漱石の『倫敦塔《ロンドン》』にも「余はジェーンの名の前に立留まったぎり動かない。動かないと云《い》うよりむしろ動けない」と、その絵の魅力があますところなく記されている(『レディ・ジェーン・グレイの処刑』は、二〇一七年『怖い絵展』で初来日した)。

ジェーンの祖母は、悪名高き王ヘンリー八世の妹だった。つまりテューダー王朝の血を引いている。ヘンリー八世亡き後、唯一の男児がエドワード六世として戴冠《たいかん》するが、跡継ぎのないまま若くして病死。次の王位継承権順位は、ヘンリー八世の子であるメアリとエリザベスがそれぞれ一位と二位、ジェーンは三位だった。

通常であればジェーンが王冠をかぶる確率は低い。だが周囲はそう思わなかった。なぜならヘンリー八世は一時的にせよ我が子メアリとエリザベスを庶子に落とした経緯があり、反対派はそれを理由に二人の継承権は無効と主張したのだ。複雑な宗教問題も絡《から》んでいた。

こうしてジェーンは実父と有力貴族ノーサンバランド公の陰謀でノーサンバランド公の息子と結婚させられる。当時の王侯貴族は政略結婚が当たり前だったから、それ自体はとりたてての不幸とはいえない。しかし結婚まもなく政局が大きく動く。

エドワード六世死去直後、実父と舅《しゅうと》がジェーン新女王誕生を高らかに宣言したのだ。何も知らされていなかったジェーンの戸惑いは大きかった。その後の経緯は、彼女の異名が「九日間の女王」であることから自明だろう。遅れて女王宣言したメアリ派に敗れ、ジェーン派はことごとく反逆罪で処刑された。

さて、橋である。

ジェーンはロンドン塔のタワー・グリーンで処刑されたが、この要塞《ようさい》へ入る時、有名な「反逆者の門」を舟でくぐったわけではない。正面からにぎにぎしく行進して入城した。ロンドン塔は当時、国事犯が入れられる監獄であると同時に、次の玉座につく者が戴冠準備を整える場でもあったからだ。

塔という名前から連想されるイメージと違い、ロンドン塔は単独のタワーではなく、堅固な城壁に守られた十三の塔を擁《よう》する、十二万坪（約三十九万六千平方メートル）もの城塞《じょうさい》だ。

現在ではロンドン観光の目玉となっており、手前のテムズ川には巨大なタワーブリッジが人目を惹《ひ》くが、ジェーンの時代にこの橋は存在していなかった。では生首を飾っていた旧ロンドン橋はといえば、こちらは今より三十メートルほど塔に近い場所にあった。景色は違う。

ロンドン塔自体の景色も違った。今では埋め立てられて草地になっているが、かつてはテムズ川の水を引き込んだ濠《ほり》がめぐらされ、入場門ミドルタワーの手前に短い石橋とゲートがあった。

ジェーンの足どりはこうだ。まず今はないライオン・ゲートをくぐり、その石橋を渡る。すぐ前にミドルタワーが聳《そび》え、抜けると長い石橋だ。そこを渡って、ようやく城塞正門に達する。門の前ではジェーン派の貴族たちが居並び、彼女に城門の鍵を手渡す。鍵は君主が所有することになっていたので、この儀式をもって実質的にジェーン女王が誕生ということになる。

ジェーンが渡った短い石橋はもうないが、ミドルタワーの先の長い石橋は今も草地に廊下のように延びている。英国史ファンなら、束《つか》の間《ま》の女王だったジェーンを偲《しの》びながら、ここを通るのだろう。

蛇足だが、本原稿を書いた直後（二〇一七年）に現ロンドン橋とそのたもとでのテロ事件が起きた。ロンドン塔に近い場所だ。人間はいったいいつになったら殺し合いを止められるのか……。

ワラの橋

グリム童話集にはワラの橋が登場する。「麦わらと炭と豆」という、いささか奇妙な物語だ。

——ある村の貧しい老女がソラマメを煮ようとした。鍋《なべ》に入れる時、一粒のソラマメが床に落ちたが気づかない。老女は炭が早く燃えるよう、かまどにワラも放り込んだが、やはり一本だけ落とす。少したって、小さな炭がはぜ、ソラマメとワラのそばへ飛んできた。三人(?)は、運が良かった、ここから出ようと話しあい、旅立つ。しばらく進むと、小川に行く手を遮《さえぎ》られる。どうしたらいいか考えているうち、ワラが言う、自分が橋になろう。そして両岸に身を渡した。細い橋となったワラの上をまず炭が進むが、中ほどまで来て怖くなる。芯に残り火のある炭なので、再び発熱してワラを燃やし、自分も水中に落下。ジュッと音をたてて、こと切れた。岸からこれを見ていたソラマメは笑い転《ころ》げる。腹がはじけるまで大笑いし続ける。

たまたま近くに親切な仕立屋がいて、手持ちの針と糸で腹を縫ってくれた。ただしその糸は黒糸だったため、ソラマメには黒い縫い目ができたのだった。

これは「由来譚《たん》」に数えられる伝承である。

つまり誰もが知っているように、茹《ゆ》でたソラマメは美しい若草色をしているので、中央部の黒々とした線がいやでも目立つ。いったいこの真っ黒な線はなぜあるのだろう、どうしてできたのだろう、との素朴《そぼく》な疑問から、こうした昔話が形成されていったと思われる。

単にソラマメの黒筋を説明するにしては、ずいぶん残酷な枠組みを作ったものだ。どうにも後味がよろしくない。

運よく老女から逃れて仲良くなったワラと炭と豆。彼らの冒険の旅は悲劇に終わる。友のため身を犠牲にして架け橋となったワラ。臆病すぎた炭。二人の事故死を笑う豆。

実はこのグリム童話とそっくりの昔話が、日本全国に伝わっている。グリムも初版と六回の改訂版の間で微妙に細部が異なるように、日本昔話も各地でところどころ違う（たとえば老女の料理部分は割愛《かつあい》され、炭と豆とワラでお伊勢参りに出発するのが発端だったり、豆の種類がインゲンに変わるなど）。だがワラが橋になり、炭ととももに死に、豆が笑うところは同じ。

グリム童話は、グリム兄弟が創作したのではなく、ドイツ各地で語り継がれた口承を集め、まとめたものだ。中には他国から入ってきた話もある。長い歳月の堆積《たいせき》のうちに、庶民の願いや恨《うら》みや喜怒哀楽など、さまざまな思いがこもっていった。

ソラマメはなぜ笑ったのだろう？

全く説明されておらず、得体《えたい》の知れぬ不安感が残る。ソラマメには情緒や感情が欠落していたのだろうか。太古の昔から一定数存在していたというサイコパスの反応が、ここに表現されたのか。

それともソラマメの笑いは別種の笑いだったのだろうか。炭といっしょに渡っていたら自分も死ぬところだったという安堵《あんど》と恐怖の入りまじりが、ヒステリックな長い笑いになったことはあり得る。

いや、ソラマメは、まだ死の概念を理解するには幼すぎたのかもしれない。ワラが燃えたり炭が水にジュッと音をたてるのを、純粋に動物的におかしくて、赤子のように笑ったのかもしれない。

あるいはこれは生命讃歌《さんか》の物語なのか。ワラは麦の干乾《ひほ》し、炭は木の蒸し焼き。どちらも、いわば死骸だ。一方ソラマメにはまだ芽を吹く力がある。ソラマメだけが生きている……。

花咲ける死

＊地図 ㉟

一八一五年、現ベルギーのワーテルロー付近で、ウェリントン率いるイギリス軍がナポレオン軍を粉砕《ふんさい》した。世にいう「ワーテルローの戦い」である。ナポレオンには敵《かな》わないだろうというのが大方の予想だったので、イギリス中がこの勝利に酔いしれた。ちょうどロンドンのテムズ川では新しい橋が完成間近で、ストランド橋と名づけられるはずだったのだが、戦勝にちなんで変更された。それがウォータールー（ワーテルローの英語読み）橋だ。九本のアーチを持つ花崗岩《かこうがん》製（現在は建て替えられている）で、イタリアの著名な彫刻家カノーヴァから「世界一高貴な橋」と讃嘆されたという。

月日が流れ、十九世紀後半。戦勝と結びついた縁起の良いはずのウォータールー橋は、いつしか身投げの頻発《ひんぱつ》する場と化していた。

産業革命が進み、貧富の差が拡大し、男たちは新天地を求めてアメリカへ、インドへ、オーストラリアへと移住してゆき、もともと働き口のなかった貧しい女性たちは結婚相手までなくし、娼婦にならざるを得なかった。若いうちはまだしも、老いるともはや望みはない。若くとも妊娠などしたら、母子ともども餓死が待つ。堕胎《だたい》をすれば死刑だった。追いつめられた彼女たちは、橋から川へ飛び込んだ。

T・フッドの「嘆き橋」は、そうした哀れな女性たちをうたった詩であり、これに触発されたもっとも有名な絵画が、G・フレデリク・ワッツの『溺死』である。

スモッグに覆われた夕空のもと、若い女性が川辺に打ち上げられている。血の気のない真っ白な顔、粗末な服、下半身はまだ水の中だ。大きく拡《ひろ》げた両腕は、十字架に架けられた姿を想起させる。

キリスト教において自殺は大罪であり、教会墓地への埋葬は許されないし、死後は地獄行きとされている。だが画面には、あたかも彼女を許すかのように、大きな星が一つ、瞬《またた》いているのだった。

フッドやワッツだけではない。当時は溺死する女性についての作品が、数多く発表されていた。

共通項がある。

作品化するのは貧困に無縁な男性、作品化されるのは若くて美しい女性。逆は無い。また老いて醜い女性が作品化されることも無い。つまり水と女は、男にとってある種のロマンティシズムを満足させる組み合わせだったのだ。

哲学者バシュラールは、「水は若くて美しい死。花咲ける死の要素」(及川馥《かおる》訳)と書いている。『ハムレット』のオフィーリアのように、愛のために水の中で死ぬのは「花咲ける死」なのだ。それが貧困女性の実態を知らない当時の男性たちの共通認識だった。なんといい気なものだろう。

水の浄化作用は洗礼と結びつき、魔女狩りの時代には、魔女と疑われた女たちが両手を縛《しば》られて川や湖に投げ入れられた。浮かべば魔女で火炙《あぶ》り、溺死すれば魔女ではないと死後認定された。切羽つまってウォータールー橋から身を投げた画中の女性も、溺死したので魔女ではない、というわけだ。

『ウォータールー橋』という映画が製作されている(一九四九年の日本公開時のタイトルは『哀愁』)。

第一次世界大戦中、この橋の上で出会った軍人と踊り子の悲恋が描かれる。男の戦死通知を見た女が、絶望と失職が重なり娼婦に身を落とす。だがそれは誤報で、男は帰還してすぐ女にプロポーズする。女は過去を隠していったんは結婚を承知するが、結局は自分を恥じて身を隠す。彼女の居場所はウォータールー橋だった。欄干から何度も下をのぞく。

観客は身投げするだろうと思う。それは水と女の親和性を誰もがどこかでまだ感じているからだ。ところが……。

プッチーニの橋

＊地図 ㊱

プッチーニのオペラといえば、『蝶々夫人』や『ラ・ボエーム』など悲劇性の高い作品が多い中、唯一の喜劇として有名なのが、『ジャンニ・スキッキ』だ。

軽快で笑えるこの一幕物オペラは、十三世紀末から十四世紀にかけてイタリアに実在した新興成金ジャンニ・スキッキ（ダンテと同時代人）を主人公にしている。初老なので低い男声バリトンが歌う。

物語は――

フィレンツェの富豪貴族が亡くなり、遺産目当てに親族が集まるが、遺言書には全財産を修道院に寄贈と書かれていて大騒ぎ。知恵者のジャンニ・スキッキに何とかしてもらおうと頼む。

スキッキは富豪になりすまし、まだ生きているように見せかけて公証人に遺言書を書き換えさせる。親族らにはそれなりの分与を、その上ちゃっかり自分も馬と屋敷を手に入れた。親族が怒っても後の祭り。

　こうしたドタバタ劇の合間に、スキッキの娘ラウレッタの初々しい恋の顚末《てんまつ》が挿入される。

　ソプラノの名曲「わたしのお父さん」は、このラウレッタの短いアリアだ。コンサートでも単独でよく取り上げられるし、多くの映画（『眺めのいい部屋』『G．I．ジェーン』『ぼくの美しい人だから』『異人たちとの夏』等）にも使われているので、オペラ愛好家で知らない者はいない。

　流麗なメロディにのり、父親への甘えと恋の一途《いちず》さが歌われる。曰《いわ》く、お父さん、私は彼を愛しているの。もしこの恋が叶《かな》わなかったら、ポンテ・ヴェッキオからアルノ川へ身を投げて死ぬつもり。お父さん、それでもいいの、と。

　娘に甘い父親としては、こう脅されて（？）拒絶はできない。スキッキが公文書偽造までして貴族の屋敷を手に入れたのも、娘の新生活を思ってのことなのだ。

　歌にでてくるポンテ・ヴェッキオは、名のとおり――ポンテ（＝橋）・ヴェッキオ（＝古い）――フィレンツェ最古の橋。上にジュエリー・ショップをおもちゃ箱のようにずらりと載せ、さらにその上に長いトンネルのような通路（現在では自画像ギャラリー）まで渡したユニークな形態から、人気の観光名所となっている（東京ディズニーシーに、これをモデルにした橋が架かっている）。

ただしラウレッタが身投げすると言ったポンテ・ヴェッキオは、一三三三年に洪水で流されて今はない。現存の三連アーチ式石橋は一三四五年に再建されたものだ（それにしても十分古いが）。

ジャンニ・スキッキの生きたころ、日本は鎌倉時代。当時すでにポンテ・ヴェッキオと同じくらい有名な橋はあった。鶴岡八幡宮の太鼓橋だ。とはいえこちらは神さまに参拝する道であり、鎌倉時代人なら決して死に場所には選ばなかったろう。

プッチーニのオペラへ戻ると、ラストでジャンニ・スキッキは観客に向かい、これで自分は地獄行きを免《まぬか》れまいが、ダンテが許してくれれば情状酌量《しやくりよう》を願いたい、と歌って大いに笑わせ、幕となる。

これはダンテの長編叙事詩『神曲　地獄篇』を指している。ダンテが豊かな想像力で描きだした擂《す》り鉢《ばち》状の地獄は九層になっており、下へ行くほど罪が重く、鬼どもが亡者に加える罰も苛烈《かれつ》になる。

スキッキが犯した公文書偽造罪は、七層目の「殺人」よりなお重い八層目の「詐欺」に分類されている。ダンテはスキッキがそこで獣のように何度も仲間と殺しあうシーンを記述している。

プッチーニ作品における、少々狡《ずる》いところはあってもお茶目《ちゃめ》な良き父親スキッキを知る身としては切ない。

吊り橋理論

二〇一〇年、六十四歳で死去した河野裕子の短歌——

何といふ顔をしてわれを見るものか私はここよ吊《つ》り橋ぢやない

末期の乳癌《がん》宣告を受けた歌人が、迎えに来た夫の前では明るく気丈にふるまう。夫のほうも、すでに妻の病状を知らされていながら、何も気づいていないふりをする。ふりをするが、しかし彼女には夫の動揺が手にとるようにわかる。そしてそれを卓越した言語感覚で「吊り橋じゃない」と表現するのだ。

ここにおける吊り橋のイメージは、最先端の橋梁《きようりよう》技術を駆使《くし》して建てられた主塔やケーブルを持つ大橋ではなく、人里離れた寂しい山の中の、蔓《つる》や丸太で架け渡した素朴で危なっかしい小橋であろう。どれほど渡り慣れていても、平静でいるのは難しいほどゆさゆさと全身を揺する橋。自分ひとりでも怖いのに、向こうから誰か渡って来る者がいれば逃げ場はないし、揺れ方も複雑さを増して、波のように足をさらわれる心地さえする。

人間は遥《はる》かな昔に二足歩行で生きてゆく道を選んだ時から、踏みしめる足元が不動でない限り安心できなくなった。足を載せたところが不穏な動きを見せると、たちまち自己存在感まで揺らぎかねない。

「吊り橋効果理論」なるものをご存知《ぞんじ》だろうか？　一九七〇年代にカナダの心理学者が唱えた学説で、どこまで実証されたか定かではないが、素人にもわかりやすく、説得力も感じられ、何より面白いため、いっとき広く知られた。

こういう説だ――。

揺れる吊り橋の上で知り合った男女は、橋への不安や緊張から心臓がドキドキするのを、相手による胸のときめきと勘違いし、恋に落ちてしまう。要するに、生理的興奮が恋愛感情と誤って認識されるというのだ（悲しいから泣くのか、泣くから悲しいのか、という命題に共通した部分があるような気がする）。

この理論の根拠として、学者はこういう実験をした。

渓谷《けいこく》に架かった二本の橋のうち、ひとつは揺れの激しい吊り橋、もうひとつは石橋。十八歳から三十五歳までの独身男性に渡ってもらい、橋の半ばで突然若い女性にアンケートを求められるというシチュエーションを作る。簡単な問いの後、女性は結果を知りたければ連絡をくださいと電話番号を教える。すると吊り橋の一群では六十五パーセントが電話したのに対し、石橋では——女性は同一人物にもかかわらず——三十七パーセントだったという。

夏祭りに幼なじみとお化け屋敷へ入って以来、恋が芽生えた……ありがちな展開も、吊り橋理論で説明がつきそうだ。

吊り橋は英語表現では「suspension bridge」、つまり宙吊り状態の橋というわけで、はらはらドキドキの「サスペンス」という言葉もここからきている。

サスペンス映画の秀作『スピード』（ヤン・デ・ボン監督、一九九四年製作）では、時速八十キロ以下になると爆発する装置が取り付けられたバスで、キアヌ・リーブスとサンドラ・ブロックの美男美女が知恵と力をふりしぼって生還する。燃えるような恋が生まれた。だがラストにヒロインのサンドラは言う、「異常な状況で結ばれた二人は長続きしない」。

この映画は大ヒットしたため、続編ができた。そしてその『スピード2』では、サンドラは案の定キアヌと別れたらしくてお相手は別人、映画の出来もよろしくなかった（残念）。

生死の境をくぐり抜ける過程で生まれた恋は、平穏な日々で死に絶えてしまうのだろう。であれば、そうしたカップルは定期的に吊り橋を渡る必要があるかもしれない。

鳴門ドイツ橋

＊口絵　18
＊地図　㊲

徳島県鳴門市。大麻比古《おおあさひこ》神社の緑濃い敷地内に、まるでそこだけ異空間のように、中世ヨーロッパ風アーチ型石橋が架かっている。長さ九・六メートル、幅二メートル、高さ三メートルの、手造り感あふれる可愛らしい橋だ。名前は「ドイツ橋」。

ドイツにあったものを移設したのだろうか？

そうではない。

今を遡《さかのぼ》ること一世紀近い一九一九年、鳴門のドイツ人たちが、壊れた木橋の代わりに三千個の石を集め、三ヶ月かけて建造した。彼らは橋梁《きょうりょう》の専門家ではなく、神社から二キロ離れた板東《ばんどう》俘虜《ふりょ》収容所のドイツ人捕虜たちだった。しかも強制されてではなく、自主的に造ってくれたという。

いったいなぜ？

そこにはひとつの奇跡の物語が秘められている。

——第一次世界大戦で、日本は日英同盟により、ドイツに宣戦布告した。当時ドイツは中国の青島《チンタオ》を租借地としていたので、日本軍は彼《か》の地に攻め込んで占領し、およそ五千人のドイツ人捕虜を日本各地へ移送した。そのうち約千人が、一九一七年から一九二〇年までの三年間を、板東俘虜収容所で過ごすことになった。

所長は、松江豊寿《まつえとよひさ》陸軍大佐。彼ははじめから捕虜を人道的に扱い、できうる限りの自由を与えて友好関係を築こうと決意していた。トップのこの考えは、瞬《またた》く間に広く深く浸透してゆく。管理する日本兵たちが捕虜を敗残者として虐待することはなかったし、脱走事件もほとんど見られなかった。

収容所はある種の町のように機能した。捕虜たちは自国での職業を活《い》かし、パン工場、ビール工場、酪農場、楽器製造業などを運営した。カメラマンを有する新聞社まであり、『バラッケ（ドイツ語で「兵舎」の意）』という新聞が発行された。さらに語学、スポーツ、芝居といった文化活動も盛んで、カルチャーセンターのようにいくつもの講座が開講された。中でも「耳の人」たるドイツ人の面目躍如《やくじょ》なのが音楽活動だ。合唱団はもちろん、オーケストラも複数組織され、コンサートは百回以上も催された。

これだけでもすばらしいが、当収容所の特異性を示すのが、捕虜と町の人々との交流である。鳴門の人たちは親しみをこめて彼らを「ドイツさん」と呼び、互いに物品を売買する経済活動ばかりでなく、積極的に双方の文化を学びあった。収容所でおこなわれる講演会やコンサートは町ぐるみのイベントとなり、ベートーヴェン『第九』の合唱付き全曲演奏をアジアで初めて聴いたのも、鳴門の人々だったのだ。

もっと驚くのは、戦後処理終了後のこと。何と一五〇人以上のドイツ人が帰国せず、培《つちか》った技術を活かして日本に留《とど》まる道を選んでいる。バームクーヘンで有名な「ユーハイム」も、ハム・ソーセージのメーカー「ローマイヤ」も、板東俘虜収容所の元捕虜が創業者だ。

一九七二年には、友好を記念して「鳴門市ドイツ館」が建てられ、当時の貴重な資料が展示されている。

戦争で命をかけて戦い、捕まって敵に自由を奪われるのが捕虜生活であり、捕虜は脱走を試みることで敵にダメージを与える（『大脱走』〈ジョン・スタージェス監督〉を見よ！）という考え方からすれば、板東俘虜収容所がいかに稀有《けう》な例であったかがわかる。

さまざまな要因が、全てプラスに作用したのだろう。

まず松江所長の、人間としての器の大きさ、加えて彼は会津《あいづ》藩出身だったため、賊《ぞく》軍《ぐん》として追われる身の辛《つら》さへの理解があった。次いで捕虜たちだが、彼らの多くが徴用兵ではなく志願兵で、全般に教育程度も高かった。鳴門の人々の開放度も特筆ものだ。ヨーロッパの進んだ文明への敬意と関心を積極的に示し、それでいて卑下《ひげ》することはなかった（古き良き日本人という言葉が思い浮かぶ）。

また、ドイツ人と日本人の気質に共通項が多かった。真面目で規則を守り、整理整頓が得意で我慢強く、団体行動をそれほど苦にせず、清潔好き。管理するにせよされるにせよ、お互いストレスになりにくい（ラテン系だったら、いや、現代日本人なら、もはやこうはゆかないかも……）。

ドイツ橋へもどろう。

今や涸《か》れ水だが、かつては板東谷川の支流が勢いよく流れ、木橋は幾度も崩れ落ちた。ドイツ人捕虜の有志たちが力をあわせ、日本にはない石積み技法で頑丈な橋を架けてくれた。小さいけれど、とても大きな、日独の友愛の証《あかし》がこれなのだ。

橋を架ける

＊口絵 19

「橋を架ける」「架け橋となる」「橋渡しをする」という表現は、誰もがすぐ理解できる。橋を見たことのない人はおそらくいないだろうから。

西洋絵画にも、そうした意味を持って登場する橋がある。十五世紀フランドルの画家ヤン・ファン・エイクによる傑作『宰相《さいしょう》ロランの聖母』がその好例だ。

画面右に聖母子が座り、向かいあってタイトルのロラン（推定六十歳）が両手を合わせている。もちろん彼らが現実に出会うわけもないので、これはロランの真摯《しんし》な祈りが結実して奇蹟が起こり、聖母マリアと幼子イエスが現出した、との設定で描かれたもの。

背景には、あたかもロランと聖母子を分かつように川が流れ、画面左、俗人ロランのいる側の岸辺は町や田畑、そして聖母子側の右岸には数多くの華麗な教会が立ち並ぶ。要するに聖と俗が川で分かたれている。

だがそこにはアーチ型の橋が架かっており、それは主人公ロランによって成されたものだ。貧民の出ながら刻苦《こつく》勉励してブルゴーニュ公国の宰相にまで上りつめた彼は、俗世と天界を結ぶ橋渡しまでできるのだ！

それほどにもロランは信心深い大人物だったのかと、感心するのはまだ早い。なぜならこの絵の発注者はロラン本人。大いなる蓄財により、有名画家にこの祭壇画を注文して故郷の教会に奉納した。いわば錦《にしき》を飾ったわけだ（政治家は洋の東西、古今を問わず、似たようなことをする）。

橋を使った露骨な表現であるだけに、故郷にも少なからずいた反ロラン派は、教会でこれを見るたび苦虫《にがむし》を嚙《か》みつぶしたかもしれない。

ポップミュージックなら、サイモン&ガーファンクルの『明日に架ける橋』がよく知られていよう。原題は『Bridge Over Troubled Water』で、「逆巻《さかま》く川に架かる橋」といった意味合いだから、それを「明日に」と翻案した訳者は実に冴《さ》えている。

歌詞はだいたい次のような内容――

いつでも僕は君の味方だ。厳しい時代に君がひとりぼっちの時、僕が身を投げ出そう、逆巻く川に架かる橋のように。

そして「Like a Bridge Over Troubled Water」というフレーズが、幾度も幾度も繰り返される。逆巻く川に象徴される逆境の中で、僕は君の味方であり続けるとのメッセージは、橋という鮮烈なイメージと相俟《あいま》って実に力強い。

『橋をかける』（文春文庫）もある。

これは美智子皇后がＩＢＢＹ（国際児童図書評議会）の一九九八年度世界大会で講演された〈子供の本を通しての平和〉の書籍化。

子供にとって書物がいかに必須《ひっす》であるかが、説得力をもって語られる。本を読むという行為は、まず自らのしっかりした根を持つため、また想像力という強い翼を持つため、さらには痛みを伴う愛を知るためだという。

そして「橋」が出てくる。

「この根っこと翼は、私が外に、内に、橋をかけ、自分の世界を少しずつ広げて育っていくときに、大きな助けとなってくれました」

なるほど。橋は他者や外界へ向かうためだけではなく、内なる自分、まだ気づいていなかった自分へも通じるのか。

深層心理へ至るのはふつうは地下の階段を下りてゆくイメージだが、橋だとどこか明るく壮大で、未来ある子どもたちにはぴったりの気がする。

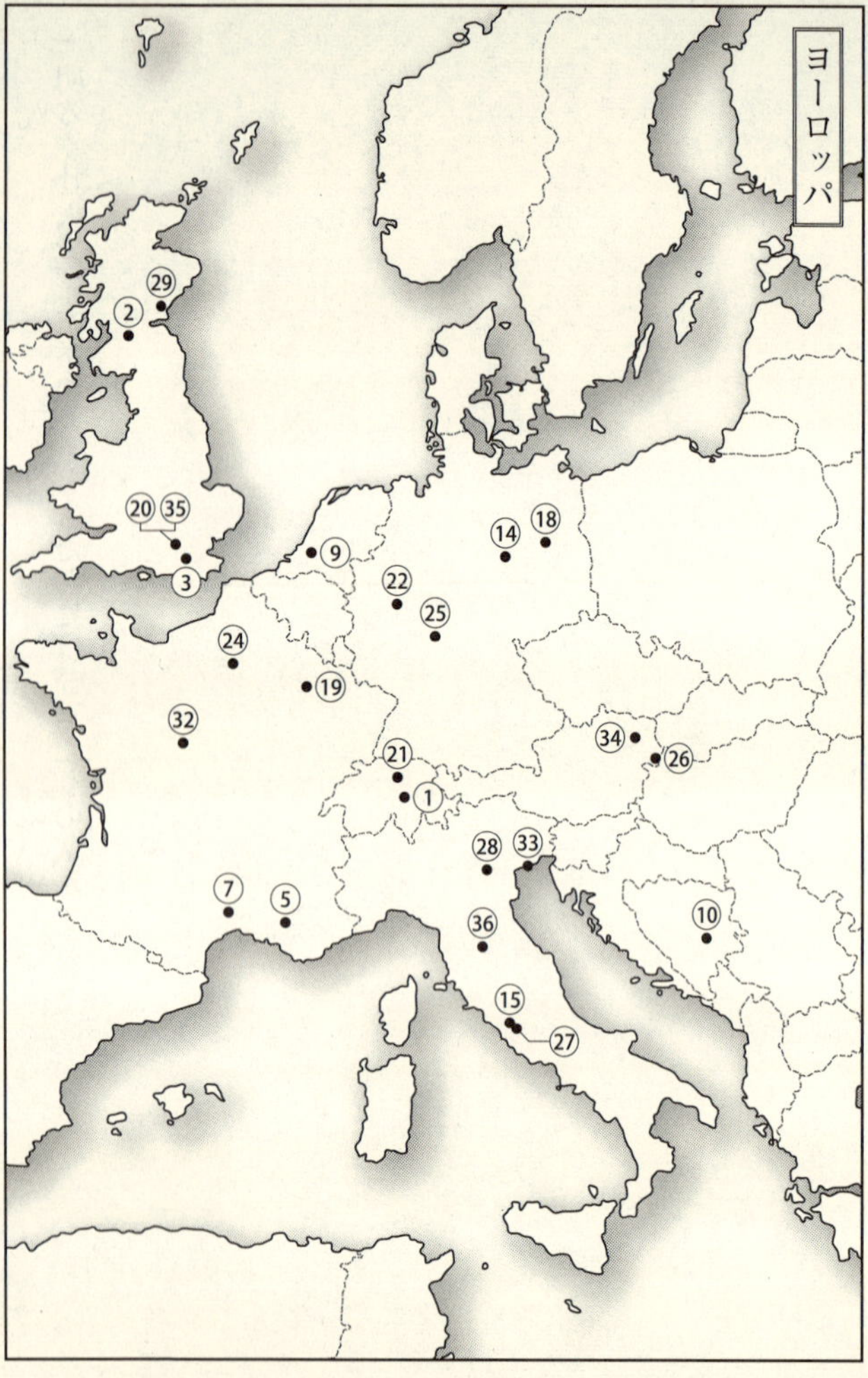

ヨーロッパ
29
2
20
35
3
9
14
18
22
25
24
19
32
21
1
34
26
28
33
7
5
36
10
15
27

①悪魔の橋／ウーリ州（スイス）／ロイス川　18頁
②オーヴァートン橋／スコットランド（イギリス）／クライド川支流　22頁
③ヒーヴァー城の橋／エデンブリッジ（イギリス）　34頁
⑤サン・ベネゼ橋／アヴィニョン（フランス）／ロレーヌ川　46頁
⑦ポン・デュ・ディアブル／エロー（フランス）／エロー川　66頁
⑨サンクン橋／ハルステン（オランダ）／要塞ルーバルの濠　80頁
⑩ラテン橋／サラエボ（ボスニア・ヘルツェゴビナ）／ミリャツカ川　84頁
⑭マクデブルク水路橋／マクデブルク近郊（ドイツ）／エルベ川　100頁
⑮ミルウィウス橋／ローマ（イタリア）／テヴェレ川　108頁
⑱グリーニッケ橋／ベルリン郊外（ドイツ）／ハーフェル川　128頁
⑲ヴァレンヌ橋／ヴァレンヌ＝アン＝アルゴンヌ（フランス）／エール川　134頁
⑳ロンドン橋／ロンドン（イギリス）／テムズ川　138頁
㉑カペル橋・シュプロイヤー橋／ルツェルン（スイス）／ロイス川　142頁
㉒レマゲン鉄橋（ルーデンドルフ橋）／レマゲン（ドイツ）／ライン川　146頁
㉔アレクサンドル三世橋／パリ（フランス）／セーヌ川　154頁
㉕アルテ・ブリュッケ／フランクフルト・アム・マイン（ドイツ）／マイン川　158頁
㉖アンダウ橋／アンダウ（オーストリア）　162頁
㉗サンタンジェロ橋／ローマ（イタリア）／テヴェレ川　170頁
㉘スカリジェロ橋／ヴェローナ（イタリア）／アディジェ川　174頁
㉙テイ鉄道橋／スコットランド（イギリス）／テイ湾　178頁
㉜シュノンソー城ディアーヌ橋／アンドル＝エ＝ロワール（フランス）／シェール川　192頁
㉝リアルト橋・ためいき橋／ヴェネツィア（イタリア）　204頁
㉞帝国橋／ウィーン（オーストリア）／ドナウ川　212頁
㉟ウォータールー橋／ロンドン（イギリス）／テムズ川　224頁
㊱ポンテ・ヴェッキオ／フィレンツェ（イタリア）／アルノ川　228頁

日本
16
3
11
8
6
31
4
37

③ 九十九橋／福井市（福井県）／足羽川　34頁

④ 一条戻橋／京都市（京都府）／堀川　42頁

⑥ 三吉橋、築地橋、入船橋、暁橋、堺橋、備前橋／中央区（東京都）／築地川（現在はほぼ埋め立てられている）　62頁

⑧ 猿橋／大月市（山梨県）／桂川　70頁

⑪ 味噌買い橋（筏橋）／高山市（岐阜県）／宮川　88頁

⑯ 射止橋／苫前町（北海道）／三毛別川　116頁

㉛ 石見銀山の反り橋／大田市（島根県）　186頁

㊲ 鳴門ドイツ橋／鳴門市（徳島県）／板東谷川の支流（現在は涸れ水）　236頁

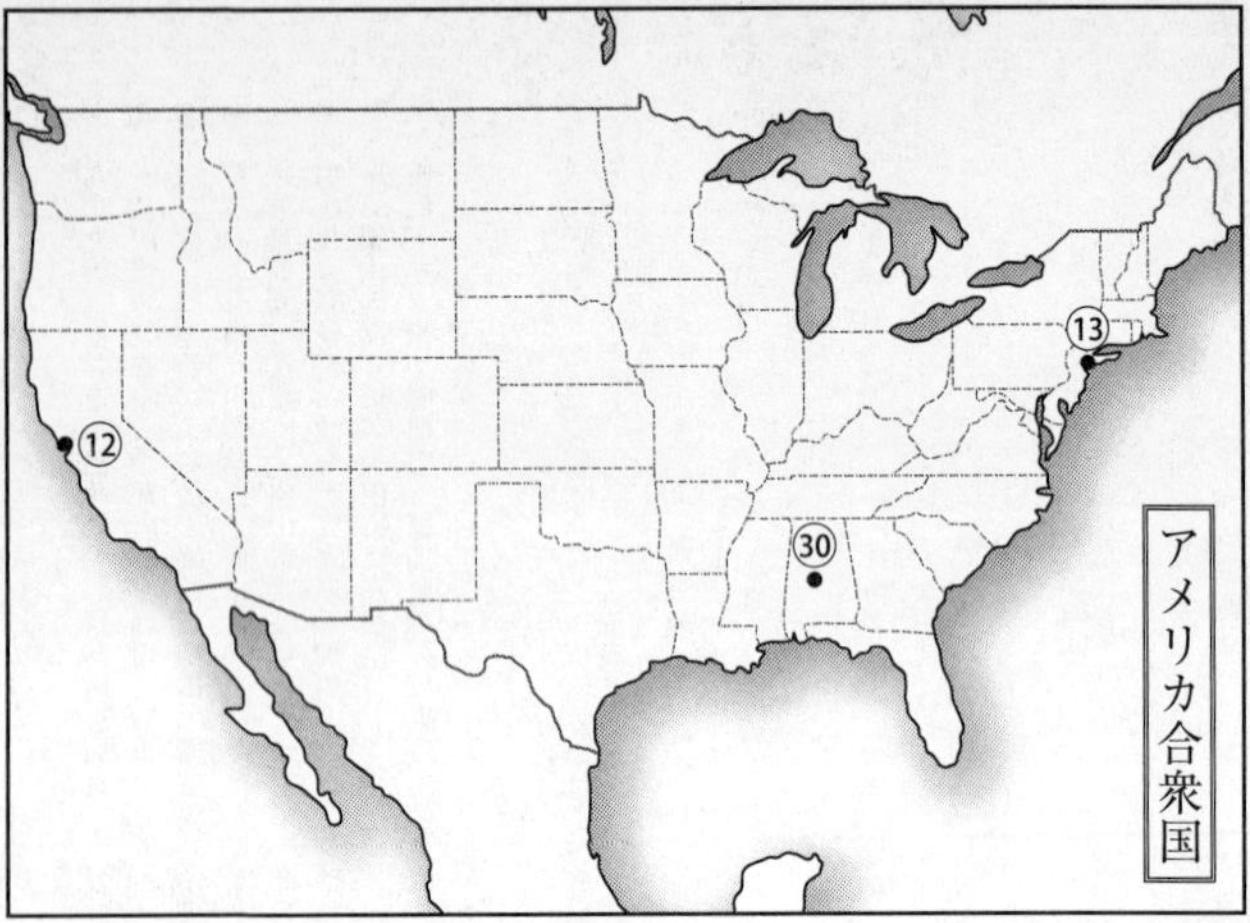

⑫ ゴールデン・ゲート・ブリッジ／サンフランシスコ（カリフォルニア州）／ゴールデン・ゲート海峡　92頁
⑬ ブルックリン橋／マンハッタン、ブルックリン（ニューヨーク州）／イースト川　96頁
㉚ エドマンド・ペタス橋／セルマ（アラバマ州）／アラバマ川　182頁

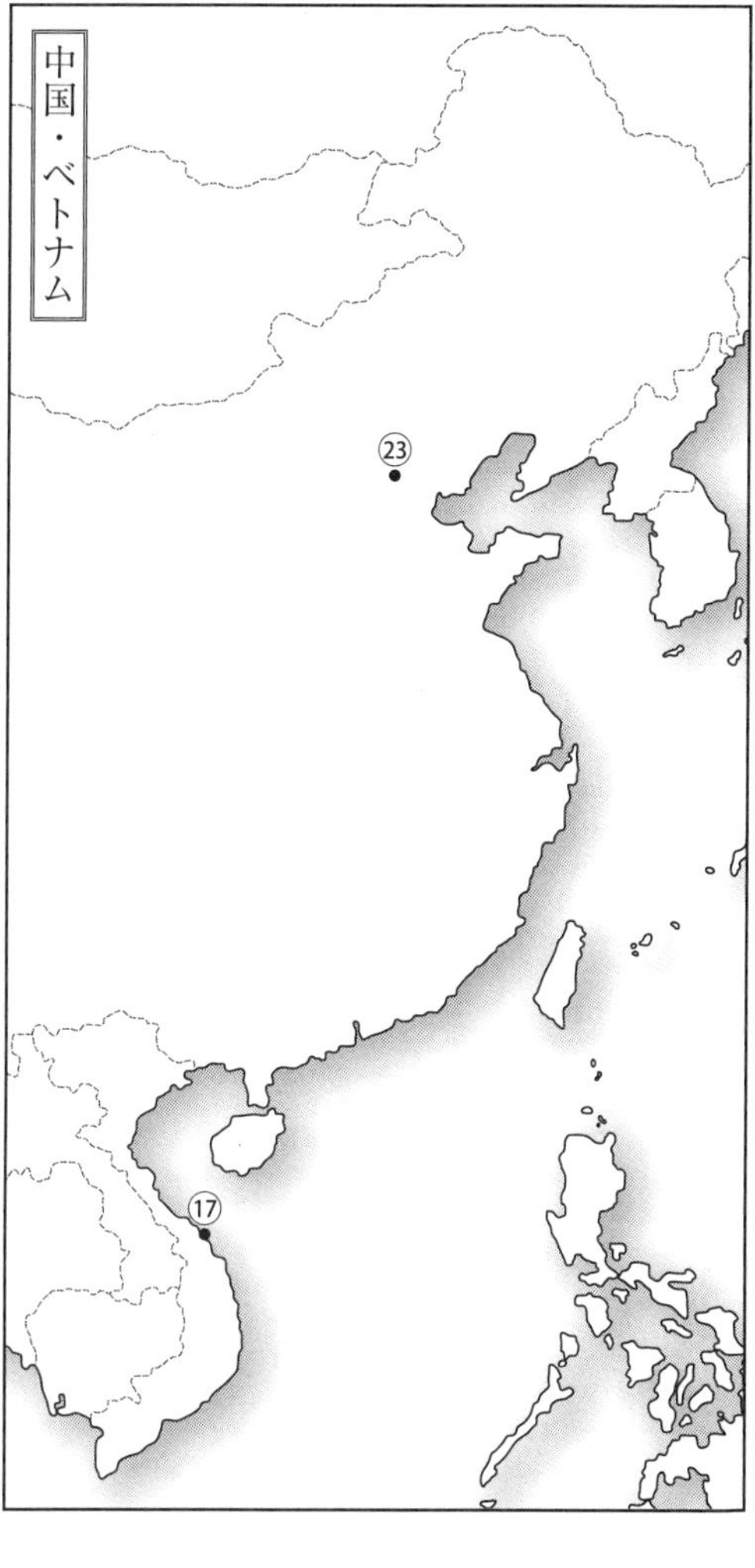

⑰ ロン橋／ダナン（ベトナム）／ハン川　124頁

㉓ 盧溝橋／北京（中国）／永定河　150頁

あとがき

本書は、北海道新聞夕刊（及び途中から東京新聞など）で八十四（はし）回で終了したエッセー「橋をめぐる物語」から五十五話を選び編集し直したものです。

「橋」をテーマに選んだ理由は二つあり、第一は、夢。若かりしころ、まるで夢占いのお手本になりそうな夢をみたのです。「大きな歩道橋を、高らかに笑いながら渡ってゆく」――人生の転機を迎え、いよいよ新たな世界へ進むと決った日の吉夢でした（橋は、見てすぐ誰もがその機能を理解できるため、シンボル解釈も比較的容易）。

この夢の記憶が鮮烈だったので、橋への関心はずっと持ち続けました。橋に関する本も何冊か読み、建造物としての技術的関心に偏《かたよ》らない本がないかしらと友人に話すうち、あなたが自分で橋にまつわるエピソードを書けばいいじゃない、と言われたのです。これが橋連載にいたる第二の理由です。

橋は、困難を乗りこえる表象であり、人生が交差する場であり、この世ならぬものと出会う所、異界そのもの。諺《ことわざ》や言い回しに橋がひんぱんに出てくるのは必然でしょう。「架け橋となる」「危ない橋を渡る」「橋渡し役をする」「石橋を叩いて渡る」「夢の浮橋（＝はかないものの喩《たと》え）」etc.。小説、オペラ、美術作品にも、橋は重要な意味合いで登場します（本書では三島由紀夫、ショスタコーヴィチ、ファン・エイクなどを取り上げました）。映画はもうそれこそ数えきれません。でもそれより何より実在の橋にこそ、埋もれた歴史や驚くような秘話が詰まっているのです。橋のもつ魅力と不思議な物語を楽しんでいただけたらと思います。

本文からこぼれた余話を、ひとつ。

ゴールデン・ゲート・ブリッジを舞台にしたドキュメンタリー映画『ブリッジ』の原稿を書き終えた直後、取材で、あるカメラマンさんと初顔合わせしました。『ブリッジ』に登場した少年が、投身自殺者を目撃したあと、あれは人間ではなかったというような証言をした話になりました。子どもというのは耐え難い恐怖の記憶を捻《ね》じ曲げたり、意識の底に押し込めて忘却することがあるようだ、とわたしが言い終えたその途端、彼は心底びっくりしたように、「小学校時代の、それこそ意識の底に押し込めていた事件を思い出した、今の今まで忘れていたと思っていたけれど、ありありと目に浮かぶ」と言ったのです。

それもまた橋からの投身自殺でした。ゴールデン・ゲート・ブリッジのように赤く塗られた故郷の橋を、彼が同級生三人とさしかかった時、目の前で女性が身投げしたのだそうです。驚いて欄干から下を覗くと、その人は歌いながら渦に巻かれてゆっくり沈んでいったといいます。四人は仲良しで中学校までいっしょだったのに、その後誰ひとりこのことを話題にしなかったのは、ショックが大きすぎたからかもしれない、と……。

連載が長期にわたったため、新聞の編集担当者さんは四人を数えました。挿画は第二回からずっと、全道展会員の佐藤仁敬さんが手がけてくれました。わたし共々、皆いつのまにやらすっかり橋フェチです。

最後になりましたが、ばらばらだった個々の物語にくくりを入れてステキな単行本に仕上げてくださり、今また新たな形で文庫本にも作りかえてくださった河出書房新社編集部の竹下純子さんに心から謝辞を。

中野京子

初　出：『北海道新聞』夕刊、二〇一一年四月～二〇一八年四月
　＊連載時の題名は「橋をめぐる物語」で、全八十四話
単行本：『中野京子が語る　橋をめぐる物語』河出書房新社、二〇一四年三月刊
　＊二十一話を加筆修正のうえ収録
本書は、単行本未収録作三十四話を追加し、再編集・改題のうえ、文庫化したものです。

怖《こわ》い橋《はし》の物語《ものがたり》

二〇一八年一二月一〇日　初版印刷
二〇一八年一二月二〇日　初版発行

著　者　中野《なかの》京子《きょうこ》
発行者　小野寺優
発行所　株式会社河出書房新社
〒一五一―〇〇五一
東京都渋谷区千駄ヶ谷二―三二―二
電話〇三―三四〇四―八六一一（編集）
〇三―三四〇四―一二〇一（営業）
http://www.kawade.co.jp/

ロゴ・表紙デザイン　粟津潔
本文フォーマット　佐々木暁
印刷・製本　中央精版印刷株式会社

Printed in Japan　ISBN978-4-309-41654-0

謎解きモナ・リザ　見方の極意　名画の理由

西岡文彦　41441-6

未完のモナ・リザの謎解きを通して、あなたも“画家の眼”になれる究極の名画鑑賞術。愛人の美少年により売り渡されていたなど驚きの新事実も満載。「たけしの新・世界七不思議大百科」でも紹介の決定版！

謎解き印象派　見方の極意　光と色彩の秘密

西岡文彦　41454-6

モネのタッチは“よだれの跡”、ルノワールの色彩は“腐敗した肉”…今や名画の代表である印象派は、なぜ当時、ヘタで下品に見えたのか？　究極の鑑賞術で印象派のすべてがわかる決定版。

謎解きゴッホ

西岡文彦　41475-1

わずか十年の画家人生で、描いた絵は二千点以上。生前に売れたのは一点のみ……当時黙殺された不遇の作品が今日なぜ名画になったのか？　画期的鑑賞術で現代絵画の創始者としてのゴッホに迫る決定版！

幻想の肖像

澁澤龍彦　40169-0

幻想芸術を論じて当代一流のエッセイストであった著者が、ルネサンスからシュルレアリスムに至る名画三十六篇を選び出し、その肖像にこめられた女性の美と魔性を語り尽すロマネスクな美術エッセイ。

澁澤龍彦　西欧芸術論集成　上

澁澤龍彦　41011-1

ルネサンスのボッティチェリからギュスターヴ・モローなどの象徴主義、クリムトなどの世紀末芸術を経て、澁澤龍彦の本領である二十世紀シュルレアリスムに至る西欧芸術論を一挙に収録した集成。

澁澤龍彦　西欧芸術論集成　下

澁澤龍彦　41012-8

上巻に引き続き、シュルレアリスムのベルメールとデルヴォーから始まり、ダリ、ピカソを経て現代へ。その他、エロティシズムなどテーマ系エッセイも掲載。文庫未収録作品も幅広く収録した文庫オリジナル版。